设计新力量

中国优秀青年室内设计师作品集

中国建筑学会室内设计分会　编

U0309189

中国水利水电出版社
www.waterpub.com.cn

内 容 提 要

本书以中国建筑学会室内设计分会（CIID)"中国优秀青年室内设计师"评选活动为基础，收录了21位优秀青年室内设计师的作品汇编成册，精致展现了入选设计师代表性设计作品及其设计主题、设计理念、设计方法。本书可供建筑师、室内设计师参考借鉴，也可供高等院校环境设计、室内设计、建筑设计等专业师生使用。

图书在版编目（C I P）数据

设计新力量：中国优秀青年室内设计师作品集 ／ 中国建筑学会室内设计分会编. -- 北京：中国水利水电出版社，2015.4
ISBN 978-7-5170-3101-7

Ⅰ．①设… Ⅱ．①中… Ⅲ．①室内装饰设计－作品集－中国－现代 Ⅳ．①TU238

中国版本图书馆CIP数据核字(2015)第077200号

书 名	**设计新力量**
	——中国优秀青年室内设计师作品集
作 者	中国建筑学会室内设计分会 编
出版发行	中国水利水电出版社
	（北京市海淀区玉渊潭南路1号D座 100038）
	网址：www.waterpub.com.cn
	E-mail: sales@waterpub.com.cn
	电话：（010）68367658（发行部）
经 售	北京科水图书销售中心（零售）
	电话：（010）88383994、63202643、68545874
	全国各地新华书店和相关出版物销售网点
排 版	深圳名汉唐设计有限公司
设 计	戴平芳 祝勇生
印 刷	北京神州信达印刷有限公司
规 格	210mm×285mm 16开本 13.5印张 176千字
版 次	2015年4月第1版 2015年4月第1次印刷
印 数	0001—1000册
定 价	180.00元

FOREWORD
前 言

学会自2012年开始筹备并发起评选中国优秀青年室内设计师及表彰活动,这让我回忆起CIID成立之初的情况。当时我还不到50岁,算中年设计师。一些二三十岁的年轻设计师们刚开始崭露头角。然而学会成立25年后的今天,我成了白发苍苍的"70后"时,当年活跃在室内设计舞台上优秀的年轻设计师们,已在各种大赛中屡屡得奖,获得了种种荣誉称号,拥有大量粉丝,成绩斐然。他们不光成为室内设计专业的业务标兵,还担负起学会各级的领导工作,成了学会的中坚力量。

近年来,我国室内设计行业蓬勃发展,各地区涌现了一大批优秀的青年设计师。为了给优秀青年设计师一个展现实力的舞台,中国优秀青年室内设计师评选活动再次随之展开。此次活动的前期,由各地专委会推选出当地的优秀青年室内设计师参加本次评选。学会共收到参评设计师资料418份。评选分为两个阶段进行:初评阶段,学会将本次参评设计师提交的作品资料刻录成光盘,寄送给由各专委会推选出的评委,进行初次评选。经统计,前120位设计师获提名奖进入下一阶段。终评阶段,由我和2011、2012两年的全国十大影响力人物组成终评评审组,对120位获提名奖的青年设计师所提交的申报表、自我陈述、参与学会活动、撰写论文著作及项目作品等进行综合考评,最终评选出全国50位优秀青年室内设计师。年会期间,对全国50位优秀青年室内设计师进行了颁奖。对120位获提名奖的青年设计师的作品进行了展示,这对宣传和推出这些优秀青年室内设计师起到了积极的推动作用。

今后,CIID将继续给广大的青年室内设计师们提供这个自我展示的平台,发掘室内设计行业优秀的青年人才,为中国室内设计注入新鲜的血液和力量!希望更多的年轻设计师们加入到CIID优秀青年室内设计师的评选活动中来。

青年同仁们,你们是早上八九点钟的太阳,中国室内设计未来的希望寄托在你们身上!

CONTENT
目 录

003 FOREWORD
前 言

007 50 DESIGNERS' PHOTO
50人影像

013 FIGURES SHOW
人物展示

216 CHINESE OUTSTANDING
YOUNG INTERIOR DESIGNER AWARDS
中国50位优秀青年室内设计师评选

蔡远波 (贵州)

贵州尚岑-品物室内设计顾问有限公司
设计总监

主设项目:贵州南国花锦CS造型、贵阳凯宾斯基SNB红酒吧
贵州世纪佳人婚纱摄影、贵阳涵映像摄影
贵阳国贸集团家居节策划、南白8又2分之一餐厅
遵义艾菲红酒餐厅、西安皇朝KYV
遵义航天集团某办公室、中天托斯卡纳别墅设计
保利春天大道家居设计、保利温泉别墅设计

陈荣新 (厦门)

厦门格瑞龙建装饰设计工程有限公司
设计总监

主设项目:厦门金达威办公楼
海南三亚水世界酒店

冯 佳 (天津)

天津建筑设计院(装修二所)
主任设计师

主设项目:天津城投大厦办公楼
天津南开医院
天津高速公路人才培训中心
津丽华酒店
东丽湖假日商务酒店
中国工商银行私人银行

高 雄 (福州)

道和室内设计有限公司
首席设计总监

主设项目:成都金牛万达食彩餐厅
菁皇茗茶
宁德万达望江南餐厅

关升亮 (顺德)

香港亮道设计顾问有限公司
董事、设计总监

主设项目:观云
一花一世界
一瓷一世界

何华武 (福州)

福建国广一叶建筑装饰设计工程有限公司
副总设计师

主设项目:沙县君华大酒店
中联天御会所
一信大厦
素丽娅泰
洲际精品酒店(福州)
科大永和

胡 栩 (杭州)

杭州国美建筑装饰设计院
项目主任

主设项目:上海纺织服装创意园区
舟山万宇酒店会所
杭州高级中学
原南山饭店改造项目
杭州工联精品女装服装城
万银国际二期酒店公寓公共部分

黄 译 (南京)

江苏锦华建筑装饰设计有限公司
首席设计师

主设项目:安徽省六安市大别山革命历史纪念馆
湛江示范大学图书馆
天津卓达三溪塘别墅VS户型样板房
常州金坛清华园样板房
江阴党校
芜湖三山区人民检察院法院

金 峥 (浙江)

杭州锐彩RCD装饰设计有限公司
设计总监

主设项目:慈溪雷迪森广场酒店
安徽波斯曼国际酒店
浙江金华世贸开元酒店
广德怡港开元国际大酒店
舟山六横怡港开元度假酒店

孔仲迅 (郑州)

河南鼎和建筑装饰设计工程有限公司
设计总监

主设项目:郑州云音禅会所
洛阳凯旋七号
漯河盛福乐主题酒店
洛阳友谊宾馆
鼎和设计办公楼
郑州东区王鼎餐饮会所

李杰智 (广州)

香港东仓建筑集团东仓室内设计公司
创作、运营总监

主设项目:SA&SAT集团总部
金意陶第三代思想馆系列杭州分馆/佛山分馆
东仓集团武汉办公楼
慎府——雅居乐别墅
上杭五星酒店

李君岩 (郑州)

郑州弘文建筑装饰设计有限公司
设计小组组长

主设项目:郑州仁人健康体检中心
洛阳单唐轩酒店
郑州豫湘情大酒店
南阳春泉家电大世界
河南濮阳某房地产售楼部
河南信阳五院泰福体检中心

李 泷 （厦门）

厦门宽品设计顾问有限公司
设计总监

主设项目：那宅精品酒店
铂爵精品酒店
中石化福建联合石化总部大楼
长沙优山美地
观音山国际商务营运中心
北屿精品酒店

李 明 （上海）

上海全筑建筑装饰集团
资深设计师

主设项目：太原优山美郡售楼处及样板房
乌鲁木齐世界公元售楼处及样板房
张家港国泰润园售楼处及样板房
姚记御江湾样板房
海门翠湖天地样板房
常熟尚湖江南府售楼处及样板房

廖杨福 （广西）

广西华蓝建筑装饰工程有限公司
主任设计师

主设项目：北海市冠头岭山庄五星级酒店
北海市蓝海银湾售楼部
南宁市华蓝弈园
广州市珠江医院
南宁市财富中心鑫盟
南宁市元之源高端会所

林元娜 （福州）

福州简艺东方设计机构
总设计师

主设项目：福州邮政邮票博物馆
福州三坊七巷中瑞南华影城
福州三坊七巷郭博的故居
福州中瑞国际影城省体院
福州鼓楼实验幼儿园
福州鼓楼实验小学

林志明 （厦门）

厦门天诺国际设计
设计总监助理

主设项目：井岗山一号楼宾馆
最高人民检察院
华仪总部大楼
海岸一号酒楼
世侨中心写字楼

刘 丽 （郑州）

郑州筑详建筑装饰设计有限公司
总经理、设计总监

主设项目：澄龙会所
栅古温泉度假别墅
纯水岸水疗度假酒店
信合中州国际饭店
开封中州国际饭店
中南海知音时尚水疗会所

刘 炜 （深圳）

J&A姜峰设计公司
商业公司总经理

主设项目：上海华润五彩城
西安华润万象城
深圳益田假日广场
深圳星河时代COCO Park
深圳宝能all city
深圳海上世界船前广场

卢 忆 （宁波）

卢忆室内设计事务所
设计总监

主设项目：宁海云轩足浴
麦甜甜品连锁
天艾瑜伽
创新128电子商务办公楼
和静源茶楼
乐道港式快餐连锁

马晓庆 （汕头）

汕头市9号设计公馆
设计总监

主设项目：铂品大酒店
海逸酒店管理集团办公室
多原生物科技有限公司办公室
金叶岛别墅

马 喆 （西安）

西安大彩设计工程设计有限责任公司
设计师

主设项目：甘泉坊茶馆
瓦库5号（郑州店）
瓦库6号（南京店）
瓦库7号（洛阳店）
瓦库10号（西安店）
瓦库11号（苏州店）

秘 克 （南京）

南京华夏天成建设有限公司
秘克设计事务所所长

主设项目：江苏省美术馆新馆
南京大学EMBA大楼
苏宁东沁御城售楼中心
江苏省科学历史文化中心
南京市人才大厦
南京医科大学第二附属医院儿童医学中心

缪 风 （苏州）

苏州苏明装饰股份有限公司
主设计师

主设项目：苏州园区移动新综合大楼
苏州漕湖南码头
天运广场
郡巷第二中心小学
昆山高级中学
苏州市立医院东区门急诊大楼

潘 冉（南京）

南京名谷设计机构
设计总监

主设项目：古桃叶渡贡茶院
　　　　　问柳园
　　　　　白鹭洲啤酒花园Ⅱ号会所
　　　　　KING CLUB
　　　　　半岛温泉酒店温泉馆
　　　　　苏丹外交官俱乐部

钱际宏（东莞）

广东星艺装饰集团设计研究院有限公司
院长

主设项目：九江山水半岛酒店（五星）
　　　　　三菱重工东莞松山湖天域科技合资综合楼
　　　　　山东日照假日海湾主题酒店
　　　　　北戴河白公馆私人会馆
　　　　　嘉莉诗国际南海品牌旗舰店
　　　　　从化紫泉会所

桑振宁（北京）

博溥（北京）建筑工程顾问有限公司
副总经理

主设项目：北京嘉德燕郊售楼处
　　　　　北京地铁十号线二期04工段公共区
　　　　　山西柳林联盛教育产业园
　　　　　上海卷烟厂"中华烟"专线
　　　　　浙江长兴太湖图影旅游度假管委会
　　　　　红塔辽宁公司总部改造

孙传进（无锡）

无锡观点设计事务所
董事、主案设计师

主设项目：无锡御水君悦温泉会所
　　　　　溧阳巴登巴登温泉会所
　　　　　扬州雅悦酒店会所
　　　　　镇江九鼎国际水会
　　　　　南通绿洲水疗会所
　　　　　苏悦餐厅

谭立予（广州）

广州星艺装饰广州公司
首席设计师

主设项目："空想家"星艺设计院办公空间
　　　　　MAYU汇景新城住宅
　　　　　广州财富广场大堂改造设计
　　　　　1802号公寓
　　　　　2807号公寓

唐国贤（苏州）

苏州苏明装饰股份有限公司
主设计师

主设项目：苏州太湖苏里
　　　　　中国汽车零部件研发大楼
　　　　　江苏银行总部大厦
　　　　　交通银行苏州分行
　　　　　太仓沙溪人民医院
　　　　　昆山体育中心

陶 胜（南京）

南京登胜空间设计有限公司
创意总监

主设项目：美承数码集团华东区办公总部
　　　　　艾贝尔宠物医院南京龙江总店
　　　　　扬州金方略企业办公
　　　　　南京智慧谷软件园售楼部（软装设计）
　　　　　雅居乐·天岳
　　　　　美承数码360客服中心

王 挺（温州）

浙江视墅装饰工程有限公司
设计总监

主设项目：叶同仁堂人民路药城
　　　　　乐清国际大酒店
　　　　　温大城市学院
　　　　　德国柏林帝苑酒店
　　　　　温州吉吉润火锅料理
　　　　　上海证券温州营业部

王 伟（南京）

南京（IDDW）道伟室内顾问有限公司
设计总监

主设项目：南京铂金设计师酒店
　　　　　北京浪海沙铁板烧酒店
　　　　　北京金铂麟会所
　　　　　南京诗雅大酒店
　　　　　南京名轩会所
　　　　　北京香港鑫阿杜火锅

王严民（佳木斯）

佳木斯市豪思环境艺术顾问设计公司
首席设计师

主设项目：佳木斯市久昌七号运动旗舰店
　　　　　佳木斯市美白医疗美容机构
　　　　　佳木斯市贵族会馆
　　　　　鹤岗市德福火锅
　　　　　鹤岗市蜂蝶来烘焙工坊
　　　　　鹤岗市罗曼帝时尚餐吧

吴君华（宁波）

宁波瀚禹·印加空间设计机构
执行董事兼设计总监

主设项目：友邦家居
　　　　　城联邦售楼处及单身公寓精装修
　　　　　宁波圣龙集团
　　　　　宁波欧陆工贸
　　　　　宁波美格隆办公楼

吴联旭（福州）

C&C联旭室内设计有限公司
创办人、设计总监

主设项目：旗山别墅会所
　　　　　融侨城售楼处、样板房
　　　　　中央美域
　　　　　天鹅湾营销中心
　　　　　融侨华府会所

谢智明（佛山）

佛山市大木建筑工程设计有限公司 设计总监
佛山市城匠建筑设计院明威分院 设计所长

主设项目：佛山华辉大厦办公大楼
佛山金海地产创意中心办公大楼
中基（宁波）对外贸易股份有限公司办公大楼
广东黄金证券有限公司办公楼
广东伟祺建材有限公司办公楼
广东桂林翠雾酒店、广东肇庆君城酒店

杨春蕾（杭州）

良品设计师事务所
设计总监

主设项目：天津融科房产泰丰瀚堂会所
新时代家居生活广场
中尚蓝达西溪玫瑰示范区
万科公望主会所
乐慧坊精品酒店
戴菲一号SPA养生会所

曾伟锋（厦门）

厦门一庙梁田装饰设计工程有限公司
创意总监/董事

主设项目：山东中央美郡售楼处
珍妮坊时装

张明杰（北京）

中国建筑设计研究院
设计工作室主任

主设项目：首发大厦
昆山文化艺术中心影视中心
北京天桥文化艺术中心
大同机场新航站楼
青藏铁路拉萨站站房
中国神华能源股份有限公司

郑　军（成都）

郑军设计工作室
设计总监

主设项目：富临-晶篮湖样板间
麓山国际别墅
蔚蓝卡地亚联排别墅
雅居乐联排别墅
维也纳森林别墅

周伟栋（深圳）

深圳市派尚环境艺术设计有限公司
设计总监

主设项目：广州尚上名筑销售中心
西安复地优尚国际营销中心
广州欧派集团企业展厅
成都锦城中建桐梓林壹号销售中心
武汉福星惠誉国际城营销中心
郑州锦艺国际会所

周　圆（深圳）

深圳市朴谷建筑艺术设计有限公司
设计总监

主设项目：济南重汽外滩样板间售楼处
福州聚龙小镇别墅样板间
深圳法诺家居会所
上海兰博基尼床垫展厅
深圳NEO航空动力办公室

许建国（合肥）

合肥许建国建筑室内装饰设计有限公司
总设计师

主设项目：合肥观茶天下茶室
合肥祥和百年酒店
合肥意兰庭保健会所
合肥梅林阁私房菜馆
北京寿州大饭店
北京大学安徽办事处

杨铭斌（佛山）

硕瀚设计事业佛山有限公司
总设计师

主设项目：星奥房地产销售中心及示范单位
海聆星汇精品度假酒店
THAI连锁餐厅
广佛智城商业步行街
YUMI隅木家具品牌展示厅
广州O.CN网络技术总部

张　健（大连）

大连工业大学
教师

主设项目：大连世合国际车城展厅及商务楼
哈尔滨西城红场主题酒店
大连时尚LUCK料理店
北京红墙莱弗月子会所
永恒·时尚 大连时代广场精装公寓
柏纳国际影城

张震斌（太原）

新加坡（WHD）酒店设计顾问有限公司
设计总监

主设项目：北京京都盛唐
北京那一叶
北京瑞吉谷维精品酒店
呼市高仕第精品酒店

周海新（广州）

广州集美组室内设计工程有限公司
设计总监

主设项目：北京谷泉会议中心
岳阳大酒店
温岭耀达国际大酒店
敦煌莫高窟游客中心展陈设计
郑州裕鸿精品酒店
岳阳云梦宾馆

周　翔（武汉）

后象设计师事务所
主案设计师

主设项目：橘园会所改造方案
文厨餐厅

朱晓鸣（杭州）

杭州意内雅建筑装饰设计有限公司
执行董事/创意总监

主设项目：杭州西溪壹号会所一
浙江嘉捷服饰有限公司总部办公楼
宁波美泰泰国餐厅
杭州IN BASE 3 CLUB
杭州西溪MOHO售楼处
杭州意内雅LOFT办公楼

FIGURES SHOW
人物展示

按姓氏拼音字母排序,排名不分先后

陈荣新	014-023		王 挺	120-129
高 雄	024-033		王 伟	130-139
关升亮	034-043		杨春蕾	140-149
孔仲迅	044-053		杨铭斌	150-155
李 泷	054-063		张 健	156-165
廖杨福	064-069		张明杰	166-175
林志明	070-079		郑 军	176-185
刘 丽	080-089		周海新	186-195
卢 忆	090-099		周 圆	196-205
马 喆	100-109		朱晓鸣	206-215
谭立予	110-119			

中国五十位优秀青年室内设计师
The Best 50 Young Interior Designers
of China

陈
Chen

荣
Rong

新
Xin

中国建筑学会室内设计分会 会员
厦门格瑞龙建筑设计装饰工程有限公司 设计总监
新加坡GID酒店设计集团 董事

2013年
荣获"中国50位优秀青年室内设计师"

代表作品
厦门金达威办公楼
海南三亚水世界酒店

CONCEPT
设计理念

我在福建的农村出生长大，传统民居建筑的红瓦白墙和那种非常适合居住生活的城市尺度给我留下了深刻的印象。而父亲是那种现在所谓的"工科男"，但同时又很有文艺情怀，对绘画文史都很精通，这也影响着我。现在从事酒店及一些大型公共设计，也是受到那时的影响。我的方案总喜欢直接或间接地运用中国传统文化的符号，当然不是符号的简单尝试，而是从创作思维上，从有形换到形而上，充满多种窥探和隐喻。当看到作品时，我们希望迅速从画面中离去，去思考画面背后的故事，尽量"有"之中的"空"。在尊崇传统文化和较美学的同时，强调以当代观点与体验进行设计研究和实践。

CHEN RONG XIN'S
INTERVIEW
陈荣新访谈

提问：在过去的五年里，发生在你身上最大的改变是什么？

陈荣新：最大的改变是设计质量的不断提升。社会发展的每一个阶段，都会产生出符合当下需求与理念的设计风格。在这几年，我通过聆听客户的需求，再运用合适的设计理念和手法，为业主打造最合适的设计作品，这是我最大的改变。

提问：在未来的五年里，你的人生规划是什么？（包括职业、家庭等各个方面）

陈荣新：在职业方面，我希望自己能一直在持续的学习中成长，我更在意设计的创新及持续性。因此，学习是一个必不可少的过程。关于家庭生活方面的规划，这是一个关于幸福的话题。我认为家庭与工作，两者是分不开、是同等重要的！拥有幸福的家庭与创造成功的事业，应当都是男人毕生追求的目标。

提问：对于你今天取得的成绩，有什么心得可以分享？

陈荣新：学习是一个永无止境的过程，只有我们以豁达的胸怀去观察世界，去多方面地吸取新的信息，在坚持合适自己的风格的基础上，不断去提炼设计元素和尝试以不同的手法表达，才可以让我们设计的空间更丰富，也才可能刺激新的创意的诞生，为客户、为设计领域创造出更多优秀的作品。

提问：学设计、做设计到现在，各个阶段性的设计偶像是谁？

陈荣新：在学生时代，我的大学校长陈文灿老师就待人处事和我做设计的方向皆给了很多很好的建议，对我在学习设计的道路影响最大。在设计艺术的领域中，每一位业内的前辈人物，在设计思想和研究上都有很好的造诣，拥有各自的设计风格与理念，有很多值得我们这一代设计师学习的地方。我个人非常欣赏季裕堂老师。我参观过季裕堂老师的设计作品，例如广州文华东方酒店、上海柏悦酒店，可以在作品当中看到他对文化精神的体会，在细节中感受到很强的文化底蕴。

提问：如果不考虑可实施性，你最想做的事情是什么？

陈荣新：腾出所有的时间，携家人，环球旅行，去体验世界的自然风景与人文风俗。然后把所见所闻，放到每个适合的设计方案中，用设计体现世界，感知世界。

提问：目前为止，对你来说最遗憾的事情是什么？

陈荣新：现代社会的快速发展，令许多传统文化在快速的建设发展中被大量遗弃，能让我们寻回过去记忆的东西正大量流失。这些元素承载着我们共同的历史，是我们的根，我希望以我的设计为大家保留属于我们文化回忆的部分。

XIA MEN
KINGDOMWAY

厦门金达威

项目地址： 厦门市海沧区

设计单位： 厦门格瑞龙建筑装饰设计工程有限公司

设计主创： 陈荣新

设计团队： 林正茂

设计时间： 2011年

项目面积： 8000m²

主要材料： 大理石、有色玻璃、地毯

SERENITY COAST WATER WORLD HOTEL

三亚半山半岛水世界酒店

项目地址: 海南三亚半山半岛

设计单位: 厦门格瑞龙建筑装饰设计工程有限公司

设计主创: 陈荣新

设计团队: 李彦凌

设计时间: 2012年

项目面积: 1.5万㎡

主要材料: 银貂大理石、黑铁、布艺软包、实木花格

在社会快速发展与生活水平超于平稳上升的时代,人们更想寻求一种心灵上的宁静、回归。讲究"静"和"净"。环境的平和与建筑的含蓄,追求人与环境的和谐共生,于是,本案的核心价值在于想打造一种新东方语言,以内隐的姿态,从历史文化底蕴中摄取灵感,在建筑与空间设计上以朴素的语汇,体现其创新性,生态性,时尚性,人文性等。

无论是放逐自我休闲享受,还是工作度假,位于三亚半山半岛水世界酒店是一片值得追求,寻觅的青翠绿洲。

50

中国五十位优秀青年室内设计师
The Best 50 Young Interior Designers
of China

CIID

高
Gao

雄
Xiong

中国建筑学会室内设计分会 会员
道和设计机构 创始人、总经理、设计总监

2013年
荣获"中国五十位优秀青年室内设计师"

代表作品：
成都金牛万达食彩餐厅、菁皇茗茶
宁德万达望江南餐厅、石艺汇

CONCEPT
设计理念

伴随民族意识的复苏，"新中式"粉墨登场。中式风格被赋予了浓重的人文色彩并加以渲染，装饰元素层出不穷，不乏动物、人物甚至是灵兽、佛理，有些取其谐音、有些取其神貌，左不过是与意境相辅相成。也似从某种层面上勾勒出古往今来的禅宗思想，这亦是一种态度！"新中式"同样不是纯粹的元素堆砌，亦并非完全意义上的复古明清，而是通过中式风格的特征，表达对清雅含蓄、端庄丰华的东方式精神境界的追求，重视以现代人的审美需求来打造富有传统韵味的事物让传统艺术令后世熟于心，熟于设计，熟于东方。

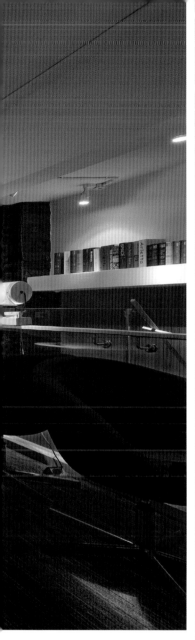

GAO XIONG'S INTERVIEW
高雄访谈

提问：在过去的五年里，发生在你身上最大的改变是什么？

高雄：过去的五年里，最大的改变无疑是创立了自己的公司。在这公司创立的三年初期，遇到了各式各样的考验和学习机会，由最初的个体思维逐步发展为现在多元化的思想转换。从初期重视设计感的传达，到如今更愿意去了解设计之于商业中的价值。着重的根本在于如何让设计自身更加柔和地融入商业，同时又得到很多专业上的肯定。

提问：在未来的五年里，你的人生规划是什么？（包括职业、家庭等各个方面）

高雄：平和的人谈到人生规划，首先想到的词应该是"维持"。与其说是人生规划，更直接的说法就是做好自己。做个可以维持平衡的人，平衡自己的家庭，平衡自己的团队协作关系，平衡自己的专业技艺。在"维持"的基础上做好每一件事情，在开拓中把握机遇。相信严于律己所能得到的收获，远远超过预定计划所带来的动力和成就。现在无法断言自己五年后会有怎样显著的变化，但可以肯定的是我会继续带着自己的团队在设计领域里开辟新思路，在设计与文化特色的有机结合中产生出更多脱颖而出且符合市场经济的好作品。

提问：对于你今天取得的成绩，有什么心得可以分享？

高雄：入行十余载创立了自己的公司，遇到了各式各样的考验和学习机会，深知装饰设计是一门综合艺术，与其它艺术门类一样，所涉及的面较广，因此对设计者的知识需求也相应提高。时代变化造就了社会对视觉艺术的需求越来越高，而设计者不仅仅是通过书面或媒体得到资讯，更应该是迈开步伐、放眼世界，认识和更新观念。设计师所能做的是除了设计方案以外的信息分析与收集，设计师在市场中的生存力不仅仅是做视觉传达这么简单，更多的是设计师为市场所带来的推动力。

提问：你的生活是什么样子的？工作和生活是什么关系？

高雄：很多人在事业努力的同时往往会忽略生活本该有的惬意，而本人对工作与生活的关系却有不同的看法。首先就设计而言，设计的感悟纯是由生活中的处处细节所得，不懂享受生活的人又怎能领会设计的价值和魅力。反向思考，除了基本的生活琐事外，更愿意走出自己的生活圈子，接触新鲜的人文环境，开拓视野。将平和与自然融入设计中，让设计成为一种享受，而不是吸金的手段。

提问：你如何给自己减压？

高雄：首先我们应该明白压力的来源，压力的产生无非是因事态不随人所愿。其实最好的减压方式就是让不随人愿的事情暂告一段落，不是逃避，而是平复心情后有足够的能量来面对。若说必须要做件什么事情来转移自己的注意，我会选择较为平和的方式。例如书画，在挥笔行云流水间调养生息，配上一壶清茶，小憩之后重拾动力。

提问：如果不考虑可实施性，你最想做的事情是什么？

高雄：想兼职成为一名生活体验师，接触各色的人文环境，并融入它们。将亲身感受用设计这样的视觉媒介与人们分享。这想法中的重点不在于向往不一样的生活，而是重在"分享"二字。可以主动融入他人的生活，再将这种感受以第一人称的方式分享给下一个群体，缩小文化带来的差异是我所向往的。

SAN FANG QI XIANG
GREEN COFFEE

三坊七巷【青咖啡】

主创设计： 郑冷杉、高雄
参与设计： 高宪铭
软装设计： 道品软装陈设工作室
摄　　影： 李玲玉
项目名称： 三坊七巷【青咖啡】
项目面积： 60㎡
项目风格： 田园混搭
主要用材： 粗面水泥漆、杉木板染色、铁方管、仿古砖、
　　　　　　马赛克、杉木地板、旧板与旧门窗、镜子等

漫步在历史文化古街三坊七巷，穿梭在青石蜿蜒的巷道中，忽然出现在街道拐角处的一间咖啡店吸引着我停下脚步，空气中弥漫着浓郁的咖啡香气，门前用投影灯投射出的鲤鱼栩栩如生，都在唤着我步入店中。环顾店内，空间内采用大量的木料布置，或是粉刷成绿色，或是保留原始的色彩，在深深浅浅的木色变化中创造了丰富的空间层次感。

店内氛围清新、雅致，随处可见的"旧物"纷纷换了"新颜"，落地的大书架摆满了各式书籍与饰品，随意挑选一本喜爱的书籍，安静地窝在沙发里，再品一口浓香的咖啡，生活就是如此的随性惬意。店内的收银台兼做吧台使用，马赛克与木料将吧台拼凑出有趣的效果，坐在高脚凳上可以一边喝着饮料一边同店主闲聊，吧台上方的招牌板用黑板做成，粉笔写成的饮品推荐充满着亲和力。射灯、台灯交织出的光影在空间中穿梭，投射出迷人的倒影，明暗有度的光线让空间氛围也变得安静。坐在店内，仿佛穿越了时空，游走在80年代，铁艺、木料、充满"年纪"的小摆设，让时间也停止了匆忙的脚步。不论是阳光灿烂的日子，还是下着渐渐沥沥小雨的日子，将自己躲藏在这里，环绕着清雅的古街，忘却城市的嘈杂与纷扰。

OASIS SQUARE
TEA

熹茗会武夷山店

项目地址：武夷山市

设计单位：道和设计机构

设 计 师：高雄

摄 影 师：李玲玉

设计时间：2013年04月

开放时间：2013年07月

建筑面积：500㎡

主要材料：白色真石漆、白色烤漆玻璃、水曲柳木饰面染咖色、蒙古黑火烧石

熹茗茶室以现代的格调，融合提炼出的经典中式元素，塑造了一个时尚与文化雅兴并存的雅致空间。空间铺陈灰色仿古砖、刷白的墙面、深色的家具摆设，沉稳的白、灰搭配透露着干净、利落。

空间分割为上下两层，下层主要作为商品的展示空间，上层则是包厢可供客人品茶聊天。开放式的中庭与天相接，透着一抹辽阔感。清淡的简单装修搭配精心挑选的装饰、家具，细节中也饱含创意。茶品的陈列十分讲究，巧妙的配搭让商品看起来更像是艺术品。外观以中式园林透景的手法打造，树木、漏窗，形成独特的风景线，使空间流通、视觉流畅，因而隔而不绝，在空间上起互相渗透的作用。透过漏窗，树枝迷离摇曳，小楼远眺，造就了幽深宽广的空间境界和意趣。品茶是一件让人舒心惬意之事，在熹茗茶室素雅、自然的环境里一杯清香四溢的好茶让人难以忘怀。

中国五十位优秀青年室内设计师
The Best 50 Young Interior Designers
of China

关 Guan
升 Sheng
亮 Liang

中国建筑学会室内设计分会 会员
香港亮道设计顾问有限公司 董事、设计总监

2012

入选"岭南设计二十人"

中国室内设计大赛学会奖入选奖

中国室内设计双年展银奖

2013

亚太设计设计精英邀请赛优秀奖(1项)、佳作奖（3项）

CIDA中国装饰协会"全国优秀室内设计师"奖

荣获"中国50位优秀青年室内设计师"

"戛迪杯"陈设艺术设计邀请赛办公空间银奖(1项)、优秀奖(1项)

代表作品

观云、虹桥商城、一花一世界、一瓷一世界

CONCEPT
设计理念

设计源于生活
源于自然

道法自然，还原生活本相。空间的美，在于空间的意境。意境的营造，最考验一个设计师的功力。

洋为体、中为骨

现代主义和东方文化的交汇是我们创作的源点。"当代、人文、优雅、精致"是我们的设计定位和关键词。

设计是一生的修行

设计作品是设计师思想与情感的沉淀和体现。个人修行到了，设计自然情之所动，言之有物，水到渠成了。

GUAN SHENG LIANG'S
INTERVIEW

关升亮访谈

提问：在过去的五年里，发生在你身上最大的改变是什么？

关升亮：父亲过世、公司重组、孩子出生，大悲大喜之中体味人生无常，失去至亲的悲痛，学会珍惜当下，珍惜眼前人，学会平衡工作与生活，把时间花在生活中最重要的事情上！

提问：在未来的五年里，你的人生规划是什么？（包括职业、家庭等各个方面）

关升亮：1.建立稳定且高效的工作团队，让公司朝着本地最优秀的设计机构的方向前进！2.自己可以规划出更多时间去读书，去游学，体验更多不同文化和优秀的作品，使自己的设计状态可以朝着更自然、更有深度的方向去进行。3.家庭是重心，希望规划出更多的时间去陪伴家人，陪伴老人安享晚年，陪伴小朋友快乐成长。

提问：对于你今天取得的成绩，有什么心得可以分享？

关升亮：热爱与坚持，认真且全力以赴。

提问：学设计、做设计到现在，各个阶段性的设计偶像是谁？

关升亮：每个人都如此优秀，除了教会我如何读懂设计，也是激励我坚持设计梦想的动力。1.学生时代的偶像：路易斯·康、安藤忠雄。

2.工作初期的偶像：陈乐廷先生、安藤忠雄。3.现在的偶像：雅布、贾雅、季裕棠。

提问：你的生活是什么样子的？工作和生活是什么关系？

关升亮：生活中的样子：宅男、安静。工作与生活只是时间的概念，现实的状态其实是蛮接近的。

提问：你的设计创作源泉是什么？

关升亮：现代主义和东方文化。

提问：你如何给自己减压？

关升亮：思考、阅读、运动、旅游。

提问：如果不考虑可实施性，你最想做的事情是什么？

关升亮：最想做的事情是：与家人一道周游列国、环游世界。

提问：目前为止，对你来说最遗憾的事情是什么？

关升亮：1.年轻时没能实现周游全国的梦想。2.父亲去世，看着最亲的人离开你身边，你却无能为力，你会后悔为什么在他有生之年你无法花更多时间去陪伴他，那是一个无法弥补的人生遗憾！

A FLOWER
OF THE WORLD

一花一世界

项目地址：广东顺德区大良

设计单位：香港亮道设计顾问有限公司

设计主创：关升亮

设计团队：唐卓标

设计时间：2012年5月

项目面积：200㎡

主要材料：灰木纹石、 木屏风、 乳胶漆

"亮道"依山傍水，位于顺峰山旁，是亮道设计顾问的全新办公室。难得做一回甲方，自己说了算，所以常常会问自己想要的是什么？想表现什么？每一个空间都有它独特的语境，每一个设计师的内心都有一个独特的设计梦。所谓"一花一世界，一石一乾坤"，能找出空间的独特韵味，并表达出自己的内在理念，是设计的趣味和挑战所在。"亮道"以亦家、亦会馆、亦办公的形式呈现，并不囿于常见办公空间的格局与形式。穿过首层园林，便见接待厅，会议室，获奖作品展厅，还有40㎡的选材中心和自助茶水室。二层是办公区和40㎡的户外休息花园，空间流动自然。细细品味，设计师在《亮道》里并没有既定的风格，空间也并非一成不变，软装也是混搭的效果。设计师在营造一个叫"亮道"的家，一条设计"回家"的路。设计师在此可以放松，可以惬意，可以执著，可以去探寻内心的设计梦，做出真正优秀的设计作品。

A PORCELAIN
OF THE WORLD

一瓷一世界

项目地址： 广东顺德区大良

设计单位： 香港亮道设计顾问有限公司

设计主创： 关升亮

设计团队： 唐卓标

设计时间： 2014年6月

项目面积： 1500m²

主要材料： 水泥砖、 柚木饰面、墙纸、水曲柳木屏风、青砖
银白龙石、花窗

"一瓷一世界"是顺德一位当代年轻的女收藏家的私人艺术馆，以收藏展示古瓷，当代景德镇新瓷为主。馆主热爱传统文化，以传播当代东方文化为己任，勇气可嘉。艺术馆地处顺德桂畔河，是当地有名的文化区，如何让古瓷新瓷与当代展示空间融合并展示其东方魅力？设计师最后以"桂畔河旁的书苑"为设计概念。古书苑是古代学者传播知识文化、讲学论道的地方。设计师借鉴古书苑的元素和底蕴营造出当代东方氛围的展示空间。"一瓷一世界"承载着一位年轻的收藏家的梦想，也是设计师对当代东方设计语言又一次尝试和探索。

中国五十位优秀青年室内设计师
The Best 50 Young Interior Designers
of China

孔
仲
迅

Kong

Zhong

Xun

中国建筑学会室内设计分会 会员
河南鼎合建筑装饰设计工程有限公司 设计总监

2010年
获金堂奖 "年度十佳购物空间设计作品" 奖项
获新势力年度精英设计师

2013年
荣获"中国50位优秀青年室内设计师"

代表作品
山西太原"兰亭壹号"餐饮会所、河南郑州波尔多红酒品鉴会所
河南郑州"云音·禅"禅修会所

CONCEPT
设计理念

让人期待的不确定性

设计，在很多人眼中，是有关创意、艺术的事，是感性的。这可能是它有别于其它行业的独特性所在。在我眼里，设计有更理性的一面，它的理性在于，你要把众多的感性认识有条理有逻辑的组织在一起，通过理性的手段将其从虚构的画面（梦境）变成现实。不单是设计师，这对于每个人来说，无疑都是一种折磨，因为我们都想一直沉浸在梦中不愿醒来，但又不得不面对将梦境变为现实时遇到的林林总总的问题。我想，也许这就是设计的魅力所在——让人期待的不确定性。

灵感 对于设计来讲，一个好点子一定不是只靠翻书本就能翻出来的，设计的过程就是发现问题解决问题的过程。好点子是来源于对生活的体验。生活中我们是否需要改变？是否需要更积极、更健康、更多元、更融合的互动？这些都是我们对更好的生活的理解以及期待的状态。我们在平凡的生活中看到那些一闪即逝的光，让它成为故事的起点，成为我们设计的灵感。

倾听 设计师要善于倾听，不只用耳朵，还要用手、用嗅觉、用眼睛听。听言语背后那些微弱但却真实的想法，听一块木头曾经的往事，听雨后的泥土混合着草香的味道，听墙上的竹影曼妙的舞姿。有了这些倾听，你会融入环境、融入空气、融入客户的内心世界，就好像脱胎换骨，将那些积淀下来的一个个声音梳理过后，通过设计的力量释放出来。

抽离 设计的过程并不都是充满乐趣和享受的，也许不经意间就会让人陷入经验和为创意而创意的泥沼，这个时候如果不及时抽离，就会越陷越深而不自知。而抽离的那一刻，是纠结和挣扎的，就如同两块磁石分开时的那种拉扯。一旦挣脱，把自己拉远，你会发现自己最原始、最自然、最真实的想法，也许那才是我们真正想要的感觉。

创新 对过去的认知和经验的颠覆就是创新，作为一个设计师，创新是他的使命。为什么要创新？并不是要"为创新而创新"，而是为了适应人类及社会需求的不断发展和变化。所谓的创新比比皆是，而真正的创新却来之不易。我们需要利用自己有限的专业知识，通过对可利用资源的整合，不断的回溯到对人最本质的需求上，给人以最大的关怀与安抚，也许创新便随之而来。

过程 每一件让人满意的作品最终的呈现都是美好的，你会被那种莫名的感觉包围并享受其中，但中间的过程对设计师来说是破茧成蝶的挑战，从效果图表现到每种材质的推敲考究，布料的色彩，施工工艺的改良，平衡造价与效果等等，无不饱含设计师的心血与责任——为客户带去更好的生活体验，为了那一瞬间的感动。

设计就是这样，让人欢喜让人忧。不断地在项目中找到乐趣，也不断的挑战过去的自己，一路走来，支撑自己的是对设计深深的热爱，是对设计师这个职业崇高的敬意，是发自内心地对客户的理解与尊重。我把每一次设计都看做一个新的生命诞生，希望通过自己的专业实现客户的梦想，通过美好的空间带给人们美好的体验，实现做为一个设计师应有的价值。

KONG ZHONG XUN'S
INTERVIEW
孔仲迅访谈

提问：在过去的五年里，发生在你身上最大的改变是什么？

孔仲迅：很多事情并非那么绝对，对待生活是这样，对待客户也是这样。安静聆听，细心感受，更多的接纳和包容，设计师只是职业，过好自己的生活，从生活中汲取灵感，才能在与人交流时产生良好的互动，才能更好地服务于客户。

提问：在未来的五年里，你的人生规划是什么？（包括职业、家庭等各个方面）

孔仲迅：享受生活，充实自己，扩大兴趣点，更多关注设计之外的方方面面，包括收藏、艺术、运动等等，可能的话与家人多到国外走走，在旅行中体验、感悟。专业方面通过项目的过程总结归纳更加科学合理的设计方法体系，并与同事分享，共同提高。

提问：对于你今天取得的成绩，有什么心得可以分享？

孔仲迅：乐趣和执着缺一不可；享受过程，总结教训。从大学毕业那刻起就已经认定做一名设计师将是自己终身的职业，所以少走了很多弯路，在设计中有失败折磨，也有喜悦与成功，一次次总结教训，改善、升级，找到更好的解决方案，设计的乐趣就在于此，也正因为自己的执着，才能让自己坚持走下来。结果也很重要，但一件好的作品没有过程中的点滴积累，也不可能有最终完美的呈现，享受过程，解决一个个棘手的问题，看着自己的作品一点点呈现就像怀胎十月，最终呈现时就是最美妙的时刻。

提问：学设计、做设计到现在，各个阶段性的设计偶像是谁？

孔仲迅：大学时：安藤忠雄、赖特、路易斯·康，他们对自然的尊重，对人的关怀，建筑精神层面的追求让人深深着迷。做设计时：JAYA、如恩设计、隈研吾、YABU、季裕棠，每个人都有自身的独特性，对待设计的看法和角度也有所不同，看到好的适合自己的就消化吸收，为己所用。

提问：你如何给自己减压？

孔仲迅：与家人朋友在一起，运动。

提问：如果不考虑可实施性，你最想做的事情是什么？

孔仲迅：做一个木匠，自己设计的家具、物件自己做，传给下一代。

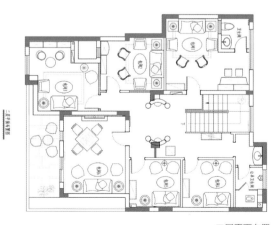

二层平面布置

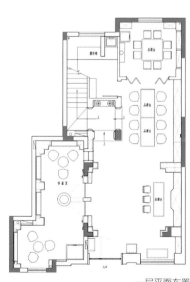

一层平面布置

BORDEAUX
WINE TASTING
HOUSE

波尔多酒行品鉴会所

项目地址： 郑州市农业东路
设计单位： 河南大木鼎合建筑装饰设计工程有限公司
设计主创： 孔仲迅、孙华锋
设计团队： 孙健、梁建立、安红云
设计时间： 2010年11月
竣工时间： 2011年3月
项目面积： 300m²
主要材料： 洞石、石灰石、质感涂料、水曲柳染色

波尔多酒行是河南省最专业的红酒行，除立足郑州销售进口红酒外，也管理着各地波尔多红酒行加盟商。

本案为其在郑东新区的高级会所。除设置红酒销售、品鉴、专业储藏外，另设立六个包厢供会员品酒之用。设计打破人们对红酒行业的固有认识，采用原汁原味的法国酒窖风格。做旧的洞石，咖啡色的法国石灰石带出了浓浓的酒窖味道，用以衬托精心定制的黑色酒柜。材质对比强烈给人以高品质的视觉感受。特别是酒柜部分，并没有采用通常的原木色，而是利用黑色深沉、大气的特点，更好地将葡萄酒的润泽与剔透衬托出来，带给人愉悦的鉴赏体验。

CLOUD SOUND
ZEN CLUB

云音·禅会所

项目名称： 云音·禅会所
项目地址： 郑州市东风南路与金水东路交汇处原盛国际
项目面积： 1800余㎡
设计时间： 2012年2月
设计单位： 河南鼎合建筑装饰设计工程有限公司
主创设计： 孙华锋、刘世尧、孔仲迅
设计团队： 孙华锋、刘世尧、孔仲迅、胡杰、孙建
陈设设计： 孔仲迅、孙健
主要材料： 橡木、壁纸、生态木、黑镜、机刨石等

禅修是近年来兴起的一种新的修身方式，与瑜伽身体修炼是不同的。禅修更多的关注人精神方面的修炼，是通过诵经、坐禅、抄经、讲经的修禅方式让人达到放空内心，感悟并升华精神的一种修炼。本案以禅修为主线兼容了禅茶、spa、茶餐等功能形式，如何让空间自然相融又能动静相隔是设计对空间处理的要点，因此，在设计中会所三层主要分布了接待、禅茶、茶餐等功能。相对三层"动区"设置二层更偏向"静"，spa禅房抄经室的设置让客人更能够"静"心、安定。禅修会所软装概念定为"静""思"，用充满禅意的元素铺陈空间，使家具、配饰以及布艺的选择满足软装设计的需求。禅椅、云形装置、麻质布艺，美在还原本质的气韵，在纷繁的世界中寻找辨明自我的方式——"大道至简"。

整个设计运用东方的极简手法处理空间，用柔和但富有层次的照明，最少种类的材质，米、灰、黑、白等接近无彩色的色彩搭配，减至不能再减的装饰。通过云、香、白沙、石等元素，营造出静谧的让人忘却外界纷扰，放下一切回归本初的空间意境，达到让人自我修炼，关照内心的精神诉求。

中国五十位优秀青年室内设计师
The Best 50 Young Interior Designers
of China

李泷
Li
Long

中国建筑学会室内设计分会 会员
米兰理工大学设计学院 米兰会会员
清华大学酒店设计 高研班
亚太酒店设计协会(APHDA) 会员
宽品设计顾问有限公司 设计总监
大璞设计联合机构 成员

2011年
厦门八方馔养生餐厅作品获金堂奖年度佳作奖
观音山国际商务营运中心作品获IAI亚太室内设计精英邀请赛银奖
鼓浪屿那宅精品酒店 获中国最佳设计酒店大赛 最佳新酒店奖

2013年
北屿精品酒店 获中国最佳设计酒店大赛 最佳新锐酒店奖
荣获"中国50位优秀青年室内设计师"
中国厦门凤凰花设计传媒大奖

2014年
"金外滩奖"最佳色彩运用奖 最佳酒店空间奖

代表作品
那宅精品酒店、北京山水文园会所、美亚柏科总部大楼
观音山国际商务营运中心、创冠集团香港总部
铂爵假日海景酒店、中石化 福建联合石化总部大楼、长沙优山美地
沙特阿美石油公司中国代表处、北屿精品酒店

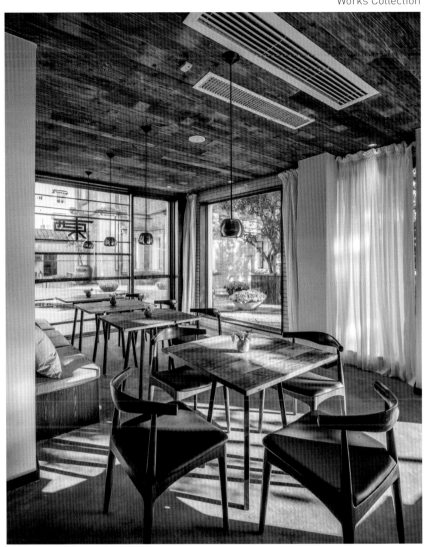

CONCEPT
设计理念

设计作为文化的一种具象表达，以最直观的视觉感受，传达美学的力量。空间是设计的媒介，什么样的空间能让人感动，感受到愉悦和幸福，并产生对生活的憧憬和动力，以及对美的向往，应是设计不变的命题，亦是设计者最大的成就感来源。创意与情感是一个好的设计基础，深入的思考产生灵感，催发创意，融入情感营造情境氛围，构筑与受众的心灵沟通，空间亦就能依此具备生命力与感染力！

LI LONG'S
INTERVIEW
李泷访谈

提问：在过去的五年里，发生在你身上最大的改变是什么？
李泷：开始去学习和交流，从而让自己的视野和眼界得到提升。

提问：在未来的五年里，你的人生规划是什么？（包括职业、家庭等各个方面）
李泷：希望可以有更多的时间用于学习、旅行和思考，保持公司的专业定位和方向并不断深入研究，促进公司的形象推广和团队建设；平衡生活与工作的关系，让家人可以一起享受创意生活的过程与成就感。

提：对于你今天取得的成绩，有什么心得可以分享？
李泷：淡定心态，设计是要做一辈子的工作，慢慢来不着急，急功近利只会适得其反。坚持学习和思考，专业才是核心。

提问：学设计、做设计到现在，各个阶段性的设计偶像是谁？
李泷：贝聿铭、陈瑞宪、如恩。

提问：你如何给自己减压？
李泷：阶段性的旅行、找良师益友充电打气、美食、美酒、看电影。

提问：如果不考虑可实施性，你最想做的事情是什么？
李泷：环游世界、外太空。

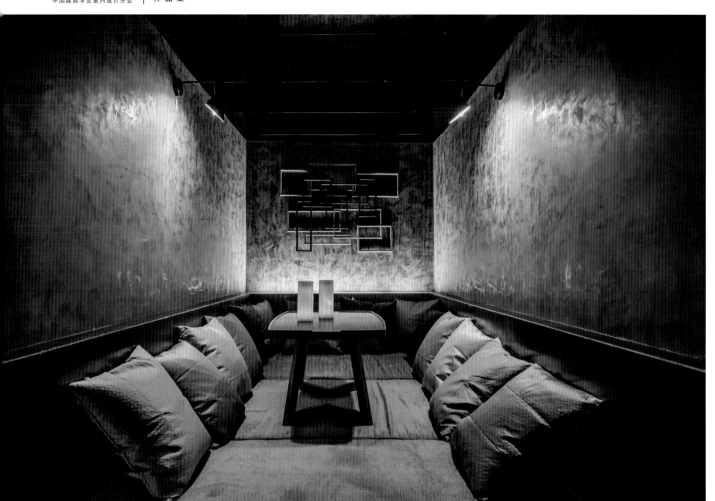

NORTH ISLAND BOUTIQUE HOTEL

北屿精品酒店

项目地址：厦门 鼓浪屿 内厝澳路461号

北屿酒店的特别之处在于展现了一种创新的设计理念以及令人心灵沉寂的素雅环境，让崇尚现代、讲究品位的旅人无论身处酒店何处都能感受到独特的空间氛围。

从一栋破败的别墅危楼到重新焕发独特神采，北屿酒店的建筑、景观、室内空间的方方面面都进行了量身定制的规划，建筑结构和外观立面忠实保留历史原貌，选用具有鲜明闽南风格特征的水洗石外墙，配搭以质朴纯净的浅灰色调，与当地特有的建筑文化环境及鼓浪屿特色溶为一体。室内设计保留了建筑立面粗矿的砖石肌理，并与简约精致的现代设计手法相结合，塑造具有时尚气质、细致、优雅、结合闽南在地文化、低调而奢华的高质感怀旧氛围。

精品酒店之所以吸引受众，独特的个性是不可或缺的元素。空间氛围、地理位置、个性主题、以及是否符合大众对于旅行生活的理解……北屿酒店以其独树一帜的空间气质成为标志，并积极探讨了旧建筑保护再生的另一种可能性。

一层平面布置

二层平面布置图

NA ZHAI BOUTIQUE
HOTEL

那宅精品酒店

结合古典与时尚、提炼文化与历史、融合与体现鼓浪屿独具特色的建筑风貌，是本案规划的重点。

塑造具有时尚气质，简约、精致、结合闽南在地文化、低调而奢华的高质感怀旧氛围是设计过程的主体定位。

建筑结构和外观立面忠实保留历史原貌，选用具有鲜明闽南风格特征的水洗石外墙，配搭以质朴纯净的浅灰色调，与当地特有的建筑文化环境及鼓浪屿特色溶为一体。公共空间规划贯穿建筑"钻石楼"的设计理念，从空间布局、立面造型、局部细节等多处运用钻石切割面元素，设计更以此作为主题性的概念切入点，提炼具有丰富人文情怀及鲜明视觉特征的元素为设计源，如定制怀旧壁画、木地板拼图、具有细腻肌理的立面材质等……结合现代设计理念及奢华陈设，力求在呼应整体规划设计风格的同时，亦能营造优良质感的时尚氛围，使观者及受众产生共鸣，感受优质空间的独特魅力。客房设计延续整体环境低调、优雅、精致的质感，亦以各个房间不同的色调与主题带给受众各异的居住体验。绝佳的外部景观环境是客房设计考虑的重点，伫立窗前，与日光岩遥遥相对，春暖花开绿树成荫白鹭悠翔……感受到的不仅仅是空间与视觉带来的舒适，更是天人合一的心灵盛宴！

基于传统的创新设计……
营造令人心灵沉静的素雅空间……
是那宅精品酒店规划设计之本。

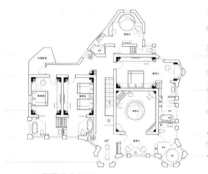

二层平面布置图

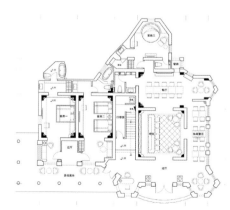

一层平面布置图

廖
Liao
杨
Yang
福
Fu

中国建筑学会室内设计分会 会员
广西华蓝建筑装饰工程有限公司
主任设计师

> ## 2005年
> 广西区纪检监察厅综合楼室内装饰被评为"广西优秀办公空间设计"奖

2007年
南宁市兰特公爵西餐厅参与中国室内大奖赛华耐.立家杯获入围

2010年
被评为2009年度广西"优秀建筑装饰设计师"
蓝海银湾售楼部室内装修工程荣获第六届广西室内设计 大奖赛专业组 公共空间银奖
荣获广西"优秀建筑装饰设计师"

2012年
华蓝弈园荣获第七届广西室内设计大奖赛专业组 公共建筑室内设计 金奖
蓝海银湾荣获第七届广西室内设计大奖赛专业组 住宅建筑室内设计 铜奖

代表作品
广西桂林象州县国税办公楼室内设计方案、广西消防指挥中心办公楼室内装饰方案
南宁三岸公路监控指挥中心室内装饰方案、广西人大会堂武鸣接待厅室内装饰方案
广西电力试验调度通信综合楼室内装饰方案、广西区纪检监察厅综合楼室内装饰
南宁老树咖啡碧园店设计方案、广西质检局、广西南宁GOGO酒吧设计方案
广西北海银滩假日酒店、广州珠江医院室内设计、广州某楼盘售楼部
蓝海银湾售楼部及样板间、北海冠岭山庄、华蓝弈园会所、新盟办公室
广西美术馆、8元之源会所

LIAO YANG FU'S
INTERVIEW

廖杨福访谈

提问：在过去的五年里，发生在你身上最大的改变是什么？

廖杨福：对生活和工作都有新的认识，工作和家庭是让我比较难权衡的事，家人的支持至关重要，体会到对于家庭应该包容一些，对于工作应有更高的要求。家庭的安定和谐让我能更好的去做设计。以前我喝酒改成喝茶，唱K改成旅游和家庭聚会，篮球运动改成游泳，这就是我这五年来的改变。但对设计的激情未曾改变。

提问：在未来的五年里，你的人生规划是什么？（包括职业、家庭等各个方面）

廖杨福：希望能设计出一件有知名度的设计作品，具有国际影响力的作品，当然那个可能是10年或者20年的事，起码这5年还是要多学习、多考察、多总结，和更多的设计师合作、交流。家庭方面就是希望能和他们去旅游，有时间就陪他们，家庭和工作一样重要，工作是为了理想，这个是比较高尚的追求，世俗些就是为了让家人更好的生活，做好家庭的顶梁柱。

提问：对于你今天取得的成绩，有什么心得可以分享？

廖杨福：对设计永不停歇的追求，肯定自己的设计理念，好的设计方法才能有好的设计。在和一些设计师的合作中成长，他们给我看到对设计的态度和方法。

提问：学设计、做设计到现在，各个阶段性的设计偶像是谁？

廖杨福：最早是陈建中、金螳螂的王琼、后来到梁志天、张智忠、还有集美组的一些设计师等，到现在的贝律铭，曾去日本参观过他设计的美秀博物馆，苏州博物馆参观不下三次，YABU、威尔逊、托尼.季。这些都是我崇拜的设计师和设计公司，他们有很好的设计管理系统和设计创意。

提问：你的生活是什么样子的？工作和生活是什么关系？

廖杨福：普通人的样子，没有夸张的外表和造型！每天早上到办公室会先泡一杯茶，在闲时会去品茶，欣赏漂亮的茶杯，偶尔买一些艺术品。工作占据了大部分时间，经常被爱人批评不爱家只顾工作，我能理解她对我的批评，她也知道我工作忙碌，有时候些家务事都不让我去做，让我注意休息。还有我可爱的女儿，回到家第一件事就是和女儿交流，相互理解和包容，这个就是我的家庭，也是我现在的生活状态。

提问：你的设计创作源泉是什么？

廖杨福：各种知识和经验的积累，关注好的设计作品，如果有机会会考虑能去体验，从而激发和开阔自己的视野，那么在设计的时候就能熟练的把握空间的感受和设计元素的运用。

提问：你如何给自己减压？

廖杨福：喝茶、旅游、家庭聚会。

提问：如果不考虑可实施性，你最想做的事情是什么？

廖杨福：不一样的空间感受，如阿凡达那样，或者更科幻。

提问：目前为止，对你来说最遗憾的事情是什么？

廖杨福：没有能做出一件我认为优秀的设计作品，这是我比较遗憾的。

ART
GALLERY
美术馆

广西多山，其地貌以山地丘陵性盆地为主。以百鸟岩、百魔洞、七星岩、天坑为代表的各种山洞、溶洞，经过大自然鬼斧神工般打造的长廊后，天光从溶洞顶端投射而下，如山腹中出现的一抹神光。自然之灵，是最能引起人共鸣和返璞归真大美之韵。创作，如同所有的艺术品一样，源于生活的同时，高于生活。艺术家们也欣然乐意接受将自己的艺术作品摆放在一个更有艺术品位的空间里，毕竟艺术需要一个相匹配的空间载体该方案延续了原建筑的整体风格，巧妙地通过几何形态整合重组，镂空及留白的手法，体现了山的形态万千，不仅增加和丰富了空间的层次感，更给人以心灵的震撼，也诉说着艺术给人带来的无限可能，无限惊喜。

YI YUAN CONSTRUCTION CASE
弈园工程施工案例

禅境—弈—易—两极，青石黑水，阴阳鱼体现围棋的世界观，即交互融和，虽两极不同，但最终仍能达到"合二为一"的平衡，亦即中国千年来人与自然和谐相处，"天人合一"的至高境界。

在中庭的视觉重心，设置一座仿制于西林出土的汉代文物，广西当地仅有的，独一无二的弈棋游戏雕塑复制品，展示着具有当地民族气息的弈棋文化。

以淡雅的青灰为基调。运用现代的设计理念，诠释历史悠久的围棋文化。采用了取其意略其形手法，融入现代智力运动和传统文化的元素，赋予了文化内涵和时代感。

50

中国五十位优秀青年室内设计师
The Best 50 Young Interior Designers
of China

CIID

林
Lin

志
Zhi

明
Ming

中国建筑学会室内设计分会 会员
厦门天诺国际设计 设计总监助理

2013年
GID办公楼荣获"金牌设计奖"称号
半月山度假酒店荣获"十大白金设计师"称号
荣获"中国50位优秀青年室内设计师"

代表作品：
铭升装饰办公室 、海岸一号国宾酒楼'本色'日本料理
半月山度假酒店、GID办公楼、中国最高人民检察院

LIN ZHI MING'S
INTERVIEW
林志明访谈

提问：在过去的五年里，发生在你身上最大的改变是什么？
林志明：回到自己心仪的城市生活、工作。

提问：在未来的五年里，你的人生规划是什么？（包括职业、家庭等各个方面）
林志明：一年至少和家人或者朋友出去旅游两次。

提问：对于你今天取得的成绩，有什么心得可以分享？
林志明：至今也没取得什么可以值得骄傲的成绩，谈不上分享，只能说感悟最深的就一句老话："虚心使人成长"。

提问：你的设计创作源泉是什么？
林志明：感悟生活，用心去发现生活中的美。

提问：如果不考虑可实施性，你最想做的事情是什么？
林志明：走遍世界各地，去感受各地的人文景观。

提问：目前为止，对你来说最遗憾的事情是什么？
林志明：还没做出一件让自己满意的作品，一旦完成了就失去了最初的激情，还没有做出完成之后还让自己激动不已的作品。

"CHARACTER"
JAPANESE
"本色"日本料理

项目位址： 上海浦东
设计单位： 香港格瑞龙国际设计
设计主创： 林志明
设计阶段： 2012年9月
竣工时间： 2012年12月
项目面积： 1250m²
主要材料： 654花岗岩（荔枝面）、原木、彩玻、竹编壁纸等

本案是位于高档商场内部的一个日式料理店，整体风格简约质朴，设计上以空灵的手法来表达丰富的精神层面。入口玄关处的大红色，一下将视觉的味蕾启动，本质朴素的实木以点、线、面的形态与色彩鲜艳的彩色玻璃形成富有玩味的组合，突出了"本色"的隐意。大厅正中特意设计的相扑雕塑，造型敦实可爱，与艳丽的和服一起透出浓浓的异国风情。楼梯口的吊灯自然而然地将顾客引至楼上，二楼大厅以传统的日式宫廷宴会的布局，恍惚间穿越了时空，使人忘却闹市的喧嚣，坐在吧台边，饮上一盅青酒，望着写意的枯树干，心底不由升起一股患得患失的惆怅，人生本色亦如此，对酒当歌解忧愁！

MING SHENG
DECORATED OFFICE

铭升装饰办公室

项目位址： 厦门思明

设计单位： 香港格瑞龙国际设计

设计主创： 林志明

设计阶段： 2013年2月

竣工时间： 2013年4月

项目面积： 900㎡

主要材料： 青砖、原木、硅藻泥、草皮等

本案是一个装饰公司办公空间，从空间表现上更能够表现出自己企业自身的特性。办公室是由一个旧式厂房改造而成，空间功能主要分为室内办公空间及户外休闲景观。总的设计思路是从低碳生态的办公方式出发，立足于本民族的文化传统底蕴加以现代简约的设计手法表现。空间色系以黑、白、灰为主色调，通过应用建筑结构的语言方式表现。室内部分主要以设计部门工作需要为主，在灯光和空间设计处理上更多是表现一个安静的办公空间环境。户外景观为办公空间增加了一份优雅，同时又满足了员工休闲的需求。这个对于装饰设计公司来说是最好的诠释方式，同时又可以呈现设计公司的个性化空间，使之更能够传达和体现企业自身的特性。

中国五十位优秀青年室内设计师
The Best 50 Young Interior Designers
of China

50
中国五十位优秀青年室内设计师
The Best 50 Young Interior Designers
of China
CIID

刘丽
Liu
Li

中国建筑学会室内设计分会 会员
香港筑详设计事务所 董事
郑州筑详建筑装饰设计有限公司 设计总监

2012年

2012年中国照明应用设计大赛全国总决赛银奖
2012年中国室内设计大奖赛银奖（酒店方案类金奖空缺）
2012年中国室内设计大奖入选奖（商业工程类）
2012年第十届现代装饰国际传媒奖"会所空间设计大奖"

2013年

荣获"中国50位优秀青年室内设计师"

2014年

中国照明应用设计大赛全国总决赛铜奖（商业空间）
第十七届中国室内设计大奖赛餐饮工程类入选奖
第十七届中国室内设计大奖赛休闲娱乐工程类入选奖

代表作品

澄龙会所、俪舍温泉度假酒店、纯水岸水疗度假酒店
信合中州国际饭店、开封中州国际饭店、中南海知音时尚水疗会所
阿五美食餐厅、永泽上公馆

CONCEPT
设计理念

近十几年的案例实践让自己从未停止思考，探寻建筑室内设计的本质及方向。中国自古以来对最高技艺的褒奖称之为"巧夺天工"，关于师法自然的思想早在两千年前已深入人心。对于设计而言，真正好的设计，是通过设计让人为干预的痕迹减少，而非是强调设计本身，弱化设计的存在，最终用最少与最适度的不露痕迹的手法解决复杂的设计诉求，遵循自然的法则，完成自然而然的设计。

设计的本质并非是对过去的再现，它来自于人的内心期盼与需求，人是自然的一部分，建筑及空间是串联人与自然的媒介与载体，是承载人的生活与情感的容器，生活诉求与情感同样归属于自然。那些归属自然的人们，在感受割裂自然与过度膨胀的城市之后，建筑及空间设计理念回归，设计的方向转化为如何模糊建筑内外的界限与如何开放建筑内外的空间，回归自然，回归本质。在创建的源于自然承载情感的建筑空间内找回心灵的归属感。

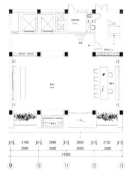

一层平面布置

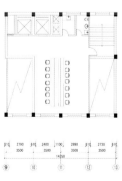

二层平面布置

LIU LI'S
INTERVIEW

刘丽访谈

提问：在过去的五年里，发生在你身上最大的改变是什么？

刘丽：是设计意识的改变。在入行十年左右团队繁忙的状态让人心态变得浮躁、麻木，意识到需要放慢发展速度，慢下来静心梳理与充盈自己的内在。十年至十五年期间有意减少设计项目，以研究加实践的心态来对待设计，投入更多的时间进行学习交流及世界各地的游历，并静心梳理记录自己的设计思考，在这个过程中清晰了自己的设计理念与理论依据。

提问：在未来的五年里，你的人生规划是什么？

刘丽：通过不间断的设计实践，进一步印证与完善自己的设计思考与理论。通过案例与实践的传播，引导与提升大众对设计的意识与认知，从而实现设计的价值，完成自然而然的创造。用更多的时间去享受设计之外的生活，享受设计的过程及团队协作过程。

提问：对于你今天取得的成绩，有什么心得可以分享？

刘丽：真正好的设计是通过设计来减少建造过程中人为干预的痕迹。设计绝不是材料的堆砌或是物质膨胀后的展示，设计是设计师用心灵思考的体现，"核心"永远是围绕自然与人的本质需求与运行法则。大自然是最伟大的设计师，我们要抱有敬畏的心态去学习。

提问：学设计、做设计到现在，各个阶段性的设计偶像是谁？

刘丽：学生阶段：柯布西耶、密斯凡德罗、赖特、贝聿铭、路易斯·康。

工作十年以后阶段：田中一光、原研哉、隈研吾。近阶段：妹岛和世、中村拓志。

提问：你的生活是什么样子的？工作和生活是什么关系？

刘丽：生活中的角色是：妈妈、妻子及女儿，家庭生活中特别喜欢做饭（但做得不多），享受与其他家庭成员在一起的欢乐时光，生活的感悟是设计创作的灵感。

提问：你的设计创作源泉是什么？

刘丽：来自于大自然和日常生活中的感悟及体验。

提问：你如何给自己减压？

刘丽：游历与旅行，在大自然中放空自己，在与其他文化的撞击中开放自己。

提问：如果不考虑可实施性，你最想做的事情是什么？

刘丽：从建筑开始做设计，打破建筑的界限，做融于自然的没有内与外的设计。

提问：目前为止，对你来说最遗憾的事情是什么？

刘丽：没有遗憾，只有对未来的期待与对过去的感恩！

"NAGASAWA THE MANSION"
SALES EXPERIENCE CENTER

"永泽上公馆" 销售体验中心

设计单位： 郑州筑详建筑装饰设计有限公司

项目面积： 2000m²

竣工时间： 2014年5月

关 键 词： 自然、情感、唤醒、回归

主要材料： 天然青石、U形钢酸洗、红砖墙、波斯海浪灰、做旧木板

氧气分子在空气中扩散弥漫，环绕在野生的树林中。动物们在树下觅食，植物在悄然生长，这好似一幅画作的场景，由于人类夸大的欲望，使之成为了都市生活中人们深深的回忆。

延续楼盘建筑外观北美褐石风格的特征，提取精准的语言表达建筑内外的流畅衔接。用适度与节制的选材来营造恰当与贴合的室内氛围，设计经过梳理后呈现出粗犷中兼有细节调控的节奏感，唤醒人对自然内在需求的感知与想象……鸟语、花香、蓝天、白云……当这一切都变成生命的稀缺,才幡然醒悟内心最渴望的才是最奢侈的。

轻松把控型钢、红砖、旧木板和自然纹理的石材，运用嘲讽的艺术手法，唤醒人们对大自然的尊重与觉悟……

"CHENG DRAGON" CLUBHOUSE

"澄龙"会所

设计单位：郑州筑详建筑装饰设计有限公司

项目面积：5000m²

竣工时间：2012年5月

主要材料：天然荒料锈石、黑木纹石材、火山岩、水曲柳实木、亚麻地毯

隐匿东方 物我两忘

空间是一种生活态度的传递，自然是心灵的归属，以东方哲学思想为出发点，探究"人""自然""空间"的本质状态。

作为休闲养生的会所，如何唤醒现代人濒临消失的对本质生活的体验触感，寻找古代文人悠然寄情山水的从容状态是本案关注的重点。地处闹市的入口强调书香门第的"隐"式姿态，厚重且具有历史感的木门沁透着怀旧的亲和力，让在此经过的人不经意的被放慢脚步。作为文人会客厅的接待大堂处处渗透着自然的芬芳，石头原始的触感激发着大家回归本我的心灵诉求，芸香草和樟木片的香气让空间散发着禅意的闲寂，诱发着埋藏在我们骨子里的文化记忆。

民族的亦是国际的，在一切都向西方看齐的今天让我们停下脚步，不卑不亢地反思本源文化，回归自然心灵。静心感悟那铅华尽褪的清静淡美，寻求天地悠然之下的物我两忘。

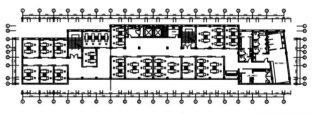

三层平面布置

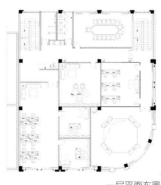

一层平面布置

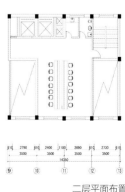

二层平面布置

中国五十位优秀青年室内设计师
The Best 50 Young Interior Designers of China

卢 Lu
忆 Yi

中国建筑学会室内设计分会 会员
卢忆室内设计事务所

2013年
荣获"中国50位优秀青年室内设计师"

代表作品
麦甜甜品连锁、三市里胡同餐厅
天艾瑜伽、和静源茶楼

CONCEPT
设计理念

本质的居所

室内设计应当在精神上传达本土文化的精髓，形式上突破传统的元素，把成熟的材质应用到设计中，让建筑、空间与环境相交融，让建筑呼吸，从自然中汲取能量，使环境更舒适，更低碳、环保和自然。就像《Discovery》环保建筑栏目中提示的，以节能建材、自然材质与节能智能化设备，实现环境保护与品质生活的统一。化腐朽为神奇，结合科技的力量创造性地使用材料，在继承传统的同时完成创意的前沿设计，这应该是未来室内设计的发展方向。简单的生活，简单的设计，把一切的一切简单化。

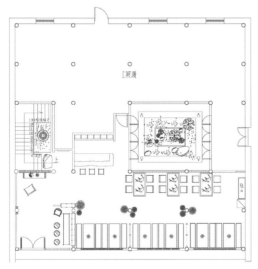

一层平面布置图

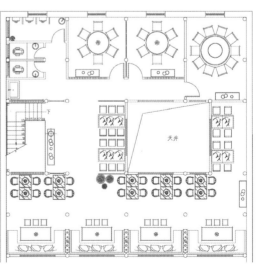

二层平面布置图

LU YI'S INTERVIEW
卢忆访谈

提问：在过去的五年里，发生在你身上最大的改变是什么？

卢忆：成长的经历让我学会了接受、反思、沉淀。精则悟、悟则远、远则长、长则永。

提问：在未来的五年里，你的人生规划是什么？（包括职业、家庭等各个方面）

卢忆：设计是一份责任，是会一直坚守的那份信念，保持那份简单，会一直走团队路线，聚集整合不同行业的有着共同理想的造梦者，创造不一样的天地。在家庭方面永远保持那份单纯和谐、幸福美满，知足常乐。

提问：对于你今天取得的成绩，有什么心得可以分享？

卢忆：成绩只是自己在某一个阶段给的一份答卷，不同的阶段都会有不同的心境。当真正进入设计层面的圈子时，会发现永远的不满足，会对自己以往的东西再思索、再推敲，其实要学习的东西太多了，对于设计前辈的语录感悟很深，前方的路遥望无际，设计革命才刚刚开始。

提问：你的设计创作源泉是什么？

卢忆：设计没有捷径，只有积累，创作源泉在于身边的家人、朋友给予你生活的感悟。

提问：你如何给自己减压？

卢忆：简单的是设计，复杂的是生活，设计一直在思考、推敲、再思考再推敲，一直在正与反、否与定之间徘徊，过程中遇到瓶颈的时候，其实找个朋友聚聚，聊聊天、逛逛街、喝喝茶，这是最好的减压方式。

提问：目前为止，对你来说最遗憾的事情是什么？

卢忆：最遗憾的是对家人的忽视，太少时间去陪家人了，需要调整自己的工作方式，平衡好工作与生活之间的关系。

THREE CITY ALLEY
RESTAURANT
三市里胡同餐厅

项目地点： 宁波南塘老街
设计单位： 卢忆室内设计事务所
建设单位： 宁波城旅投资发展有限公司
主创设计： 卢忆
建筑面积： 400m²

南郭大街、南塘路、南郊路、南塘老街，岁月夕变，这条街数易其名，三市里餐厅便坐落在这条文韵老街上，《风雅南塘》提及：南门三市，"船舶争集，人民杂逻，夹道商铺，鳞次栉比"。自南宋始便是这等的繁荣显赫，800年后老街新生，穿越百年，新生的甬城又是怎样一番光景。

最初的设计遐想是希望顾客能享受到愉悦的用餐环境，和餐厅甚至和整个设计产生共鸣！乐同乐，所以运用了乐器作为设计元素贯穿整个作品，餐厅的主要材料选择了竹子，配合餐厅风雅的老建筑结构。

餐厅入口处设置了两个休息等候区以乐器鼓做成桌、凳，竹节高低错落的镶嵌在墙体上示意音乐韵律呼应主题，收银台顶部照明运用了笛子暗藏灯带做成天然照明源，二楼隔断用快板串联成墙，打破传统对隔断的运用、透过快板的空隙可以隐约领略隔断后面的风情，餐厅包厢顶面装饰采用简约的风格用鸟笼这种亲民常见的物品作为软装饰使顾客的精神情趣在一定程度上得到享受，包厢与包厢之间用竹筒切片纯手工排列成图形、制作成折叠门方便顾客对包厢大小的自定义需求，本餐厅的另一大亮点要数纵横天井了，鱼池上方用当地常用的酒缸为主材叠加成3米高的涌泉墙，"泉水"潺潺流长、绵延不绝，为了营造江南烟雨的氛围在屋顶的瓦片间安装了少许水管、无论晴天阴天，都能感受到那一份清凉，雨水附着瓦片飘出那一份穿越百年的古老气息。

南门外、三市里、穿越百年、老街新生。

JIMMY"FIELD"
麦"田"

设计单位：卢忆室内设计事务所
主创设计：卢忆

在无垠的麦田上，微风过后会有果实的浓香和着沙沙作响如浪般的声音唱起来，其余的声音再也不见动静了。我想躺在这片麦田，安静的我用青春守望着那片麦田。

甜品店以麦田为主题，空间以麦色为主基调，松木板染色、混凝土墙面和麦秆、麦子的使用，在配上草编加皮质的桌椅，使整个环境与自然结合，却不乏时代气息，让生活在浮躁喧闹的都市人感到一份安逸和自由，谈笑风生间疲劳已经悄悄离开。

中国五十位优秀青年室内设计师
The Best 50 Young Interior Designers
of China

马
Ma

喆
Zhe

中国建筑学会室内设计分会 会员
西安恐龙工作室 设计师

> 2013年

荣获"中国50位优秀青年室内设计师"

代表作品

甘泉坊茶馆、瓦库茶馆系列、左右客精品酒店

瓦库茶馆

人往往都会走向本真的道路。在尝试了昂贵的材料堆砌、复杂的造型炫耀之后，我却并没有得到自己真正想要的，于是开始了长时间的思考。

如果生活一步步的后退，你更愿意回到哪里？推开房间的每一扇窗户，让清风吹进来，让阳光照进来，让潺潺的流水声传进来，附和我顺畅的呼吸、流动的血液、跃动的心脏，这就是我想要的空间。这个空间里有和我一样的呼吸系统、血液系统、排泄系统，简单、健康、无害。我开始更愿意回到小时候，地头、田间、村庄、河涧、丛林都成为我的取材之地。这些我们曾经熟悉，又随着时间流逝脱离了的生活状态，总是流淌在每个人的身体里。感受到这些，我觉得我更愿意回到本真。

MA ZHE'S
INTERVIFW
马喆访谈

提问：在过去的五年里，发生在你身上最大的改变是什么？

马喆：最大的改变应该是年龄增长了五岁。岁月带给人的可以有很多，对我来说，重要的是积淀。能够安稳、平和的接受事物，静下心来感受、体味周遭，让我对设计也有了更进一步的理解，不经意间，就已然成为了日常，像空气。

提问：在未来的五年里，你的人生规划是什么？（包括职业，家庭等各个方面）

马喆：具体的规划可能对于我这种人来说比较困难，在设计上的更进一步是必然的，但更想有多一些个人的时间，可以出去走一走，陪陪家人和孩子。放松的状态更能表达出自己想表达的。

提问：对于你今天取得的成绩，有什么心得可以分享？

马喆：没有成绩也没有心得可言。设计这种事情，其实是在圆自己的梦，当积累到一定程度的时候，你爆发了，刚好又被大家认可了，那就是所谓有了成绩，如果还是没有被大家认可，那也没什么。努力了，坚持了，自己也就心安了。

提问：你的设计创作源泉是什么？

马喆：应该是小时候的生活状态。我是厂矿子弟，家属区在少陵塬下，周围有很多村庄。一帮孩子们每天都处于一种野放的状态，上山、下河、爬树、滚泥蛋儿……长大后虽然工作了，但是一直对这种生活状态念念不忘。阳光、空气、鲜花、绿地，这种自由和周遭环境的质朴，我一直想用作品体现出来，让人们都能感受到自然和简单带来的愉悦和美。

提问：你如何给自己减压？

马喆：对串珠比较感兴趣，可以让人安静下来，只是看看，就可以让人满心欢喜。

提问：如果不考虑可实施性，你最想做的事情是什么？

马喆：最想放下所有的工作周游世界，不是任性，是内心。

WA KU
TEAHOUSE

瓦库茶馆

坐落地点： 洛阳市新区
设计单位： 西安恐龙工作室
设 计 师： 马喆
面　　积： 1200m²
摄　　影： 余平
设计时间： 2011年6月
竣工时间： 2011年12月
主要材料： 陶砖、旧瓦、旧木、沙灰墙

瓦库7号又是一次瓦的集结。位于洛阳市新区，建筑分为三层共1200㎡，开窗为东西朝向，每扇均可打开。将大自然的阳光、空气提供给每一位到来的客人是本案设计解决的重点。

"让阳光照进，空气流通"是瓦库设计坚守的核心理念。空间组织在完成商业流线的前提下，最大化解决自然光和空气的流动，即使是座落在远窗角落的房间也力求让阳光空气自然穿行其中。主材为旧瓦、旧木、沙灰墙等可呼吸材料，让室内空间穿上纯棉的内衣，它们接应着阳光、空气构成与生命情感的对话。

OASIS SQUARE
TEA

甘泉坊茶艺

项目地址： 陕西省咸阳市
项目面积： 600㎡

本案位于渭河边，是个品茗、聊天的地方。设计师着重使用青砖、青瓦、松木、芦草来营造江边茶秀的氛围。一层中厅做了一口假井，似乎茶客所饮之水介从井中采得，顶面用方木扎成船排状与灯光相接合；二层多以地台划分区域，使来者可席地而坐，整个空间设计师努力体现出一种舞台效果，仿佛是一所露天的茶秀。

50

中国五十位优秀青年室内设计师
The Best 50 Young Interior Designers
of China

CIID

谭立予

I an

Li

予 Yu

中国建筑学会室内设计分会 会员
星艺－谭立予设计师工作室

2010－2014年

2010-2014年四次获得CIID中国室内设计大奖赛住宅工程类金奖

以及两次获得办公工程类银奖

2011亚太区室内设计大奖工作空间组银奖

2014亚太区室内设计大奖居住空间组银奖

代表作品：

"空想家"星艺设计院办公空间、MAYU汇景新城住宅

广州财富广场大堂改造设计、1802号公寓、2807号公寓

财东10楼办公空间、刘宅

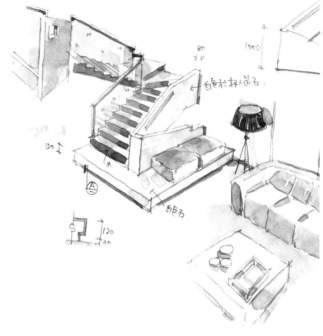

CONCEPT
设计理念

设计对我而言是思维和想象的实践舞台。正如戏剧中的演员所扮演的角色一样，我所从事的是空间的建造者这一角色。为演绎好这个角色，我从许多优秀的作家、画家、评论家、建筑师的作品中探寻他们的精神轨迹，试图在自己的设计中构建某种可感知的，非物质化的空间形式，超越感性和概念性抽象的范畴，深入人的情感。

我希望自己的作品能够让使用者平静而和谐地融入其中，同时又能满足设计最原始的目的。作为一个青年设计师，我很珍视对自身想象与创造力的保持。通过体块自身的轮廓和肌理表达美感，而非可以制造某种视觉感受。同时将建筑、艺术、社会文化当做给养，摒弃过分的偏激，让自己的视野更加宽广。

作为青年设计师，社会责任也是必须面对的一件事。我所思考的并不是怎样为我的设计增加什么，而是我们需要"减少"什么？年龄与深度，独创性与秩序感，反叛与平和，所有创新都是对传统的突破，设计思维无远弗届。怎样将这种建筑艺术明晰地表达出来，让空间与人自然沟通，从而产生内心共识与共鸣，这是我正在探寻的东西。

TAN LI YU'S INTERVIEW
谭立予访谈

提问：在过去的五年里，发生在你身上最大的改变是什么？

谭立予：这五年，是我个人从20岁到30岁过渡的阶段，思维方向从"做什么"到"如何做"；设计语汇从重视如何"表达"到重视如何"赋予"。以前做设计时是想着怎样呈现各种表象的美感，如今叠加了一个重要的思考点，就是怎样合理解决各种逻辑中的关系美。跟自然的交替更替一样，我一直都在经历成长蜕变，也希望我们都能得到时间赐予的深厚。

提问：在未来的五年里，你的人生规划是什么？（包括职业、家庭等各个方面）

谭立予：我对自己的人生规划是以十年为单位的，五年对我来说是个节点。做设计是门艺术，不单是和施工、空间使用者之间的互动艺术，也是和社会、历史、文化的互动艺术。在未来五年中，坚持未曾改变的大方向，尽可能的将设计向无以附加的"去形式感"靠近。随着阅历的增加和视野的开阔，会有很多未知的东西在这个大方向中给我小变化，我是个喜欢在思维上给自己小惊喜的人，正是这些小惊喜，让我和别人有所区别，更像我自己。

提问：对于你今天取得的成绩，有什么心得可以分享？

谭立予：说到成绩，我觉得我用收获这个词更贴切。我其实挺幸运的，做了自己真心喜爱的事情，并且能在这份热爱的事里收获快乐和满足。当然，没有一条道路是平坦的，我也有遇到瓶颈、思维梗阻的时候。在那些时候，我做的就是汲取。这里我就不大谈读书学习的必要性了，说到底又是老生常谈的东西。我只想说，世界是个好玩儿的球体，每个点都是面，每个面都有无数相互连接的线，任何一个角度都能给你全新的启示。尽管我觉得在做事的过程中，抓住机遇和适时转变同样重要，但在这些机遇和转变来到之前的日子里，我们所要做的就是坚持。

提问：学设计、做设计到现在，各个阶段性的设计偶像是谁？

谭立予：从大学时代开始，我就很欣赏现代主义建筑大师密斯·凡·德·罗。他的很多作品直到今天我看过无数遍还依然能深深打动我。伟大的建筑师不但有好的建筑作品，更是伟大时代的开拓者。正是

他，让现代建筑美学变得更加洗练。

这些年，我也欣赏墨西哥建筑师路易斯·巴拉甘，或许是随着年龄的增长，内心的着眼点不同了，那种地域性的表皮材质和色彩，拙朴的空间细节处理和建筑构架，都特别能引发我的兴趣。在表现上，他很像拉美的魔幻现实主义文学家。

还有一位瑞士本土建筑师彼得·卒姆托，他同样是着眼于用地域性材质去表现，做出的东西又有不同。前不久我刚去了瑞士小镇他设计的一个温泉酒店，我喜欢他对建筑与建筑、建筑与人之间关系的思考与呈现，和巴拉甘、密斯相比，他的建筑又是另一种纯净。

提问：你的生活是什么样子的？工作和生活是什么关系？

谭立予：在生活中我是个挺懒的人，相对散漫，这份散漫也带来了淡然的生活态度。我觉得这份淡然能带给我相对的平和与安宁，相对的孤独。有时候人是需要一种孤独的，这样才能更纯粹地思考、梳理自己。我的作品多数也是在这种环境下做出来的，所以会显得简洁干净，呈现的东西没那么繁杂。生活和设计一样，真的不需要那么多东西，最打动人心的往往都是真实质朴。我喜欢的音乐、文字、电影，都是简简单单的。

我觉得最美好的状态不是满足，而是无以附加。

提问：你的设计创作源泉是什么？

谭立予：是纯真。或者说是纯和真。泰戈尔说过一句话"伟大的人物永远是小孩，死了，也把天真留给世界。"他想说的并不是年龄和阅历的问题，而是心的问题。很多艺术大师都葆有孩子般单纯的内心，起码在艺术创作上是这样。有单纯的眼睛，就有更透彻观察时代的洞察力。为什么我们看一些好的艺术作品会感动？因为我们和创作者内心的距离已经消失了，感同身受，没有隔阂。而人心之间用来消除距离与隔阂最简单的东西，就是纯和真。

我觉得像我们这样的年轻人也应该认真思考一下老年人的生活方式。他们的体验、看问题的方法，那种沉稳和厚重，那种删繁就简都是我们极为缺乏的。那是另一种真实。那些我们苦苦寻觅的创作灵感，往往都是从这些纯真的一闪念间迸发的。

Apartment No. 2807

2807号公寓

地　　点： 广州市越秀区
面　　积： 70m²
主要用材： 水泥、实木地板、白漆、白玻
竣工时间： 2013年1月

本案为公寓型住宅项目。怎样在面积有限的空间中保证视觉的完整性、空间的充实体量感，同时兼顾使用者的最佳心理感受，还原空间应有的质朴感觉，是设计师首先考虑的问题。

设计将整个空间开敞，增加流动性，不刻意制造人为的空间围合感。摒弃复杂的装饰性造型，以清晰的平面二维形成横向贯穿；以墙面及天花材质和色彩上的呼应形成三维的竖向贯穿，保证空间结构的简洁和连贯性。考虑到功能上的实际需要，整面的白色板材在形成立面体块的同时，内部是大面积可供储藏的空间，将收纳隐于无形，让空间表皮只有流畅的线条。房间之间用软性隔断和通透的玻璃材质进行半区隔，增加使用者对空间的主控性，在实际使用中各空间既可以相互贯通也可以相对独立。

NO. 701 APARTMENT
701公寓

一个50m²的小住宅，在需要安排两个卧室的前提下对空间的创造还有多大的可能？

在这一空间中，所有体块都由L型为原始基点发散出来。沙发的L型带来舒适的半围合；厨房立面的L型体块；主卧室紧贴地面的L型床铺构架，结合贯穿三个空间的L型收纳空间，满足强大的收纳需求的同时，隐于空间建筑本身，并借助其厚重的形体，让立面具有建筑般的体量感。

本案设计的目的在于保证居家实用性和隐私的同时，让空间具有通透与开阔的流动感。单一与低成本的设计元素借助光与色彩以及出彩的细部设计，同样能得到丰富多样地生活空间。

中国五十位优秀青年室内设计师
The Best 50 Young Interior Designers
of China

50

CIID

王挺

Wang

Ting

中国建筑学会室内设计分会 会员
浙江视墅装饰工程有限公司 设计总监

2013年

荣获"中国50位优秀青年室内设计师"

代表作品

浙江叶同仁堂人民路药城、德国柏林帝苑酒店、温大城市学院
上海证券温州营业部、温州吉吉润火锅料理
十足便利店形象规划、温州瓯北益品茶庄、原野园林——香草园

CONCEPT
设计理念

从学校毕业时懵懵懂懂到设计实践经历十来年，从一知半解到如今些许固执、从对各行业的无知到相对了解；从不懂且坚持错误己见到渐渐明白领悟，到如今乐意积极在与人对话中找到合理美妙的建议；从偶尔照搬套用到对资料的辨别借鉴消化为自己的东西；又到如今有了自己一定心得及有所追求的设计语言；从无奈走向更多的无奈中学会接受妥协到学会解决问题。从不可实现的空想到合理可实践的创新；

从时不时的突出局部到对整体和谐把握的严谨追求；从客户反应尚可到逐渐被市场客户认可赞许；这个过程回头看是成长的过程更是学习的过程，且这过程是永无止境的。摆正了心态，有了准备对应各设计任务才有自信！

设计很多方面看是形而上学的行业，无型即无空间、无安排既无美感。造型理应受制于建筑本身、所委托的行业属性、及材料属性、预

算多寡、业主的信认程度及设计师本身的行业造诣修为。设计是多方面协调妥协的结果；同时设计又是集各种工程技术与各种材料学科相结合的复杂工程。设计师犹如乐队指挥，努力使得各工作协调的同时又在有序过程中得以实践，直至项目完成。设计师各方面统筹帷幄的素质，是创意如期实现完成的重要前提。设计师在设计初是：痛苦+快乐+自豪的过程；到了施工阶段是：无奈+主动妥协+坚持再坚持+

成功后享受愉快的美妙过程。

设计师工作是极富挑战的勇敢者职业。对美的不屑追求是设计师的使命乃至生命！

WANG TING'S INTERVIEW
王挺访谈

提问：在过去的五年里，发生在你身上最大的改变是什么？

王挺：试着放慢工作节奏，如条件允许下尝试慢设计以提高作品阅读上的深度；更多用建筑视角来概括、来塑造室内空间设计，让设计变得更加贴近生活本质。

提问：在未来的五年里，你的人生规划是什么？（包括职业、家庭等各个方面）

王挺："静心"设计出经得起时间检验的好作品！享受生活，多陪孩子成长，毕竟工作不是生活全部。

提问：对于你今天取得的成绩，有什么心得可以分享？

王挺：过去的这些算不上成绩。个人认为设计师应该涉猎广泛，各类形式艺术方面都应该关注！只有这样思想才不会禁锢，设计作品才有营养。应该保持职业敏感性，对新事物、传统工艺技术等都应保持开放心态，多尝试、多实验，这样设计才好玩。

提问：你如何给自己减压？

王挺：看各类题材电影，特别是科幻类的电影；看烹饪的相关节目，《舌尖上的中国》看了很多回，从中学了不少知识和新菜式。

提问：如果不考虑可实施性，你最想做的事情是什么？

王挺：回美院学习建筑专业。

提问：目前为止，对你来说最遗憾的事情是什么？

王挺：每次作品完成后回顾总有这样那样的不尽心之处，期待着在下次的作品中去改正、去完善。

WEN ZHOU
WILDERNESS GARDEN
HERB YARD RESTAURANT

温州原野园林香草园餐厅

项目地点： 温州市永嘉县三江商务区中村104过道旁"原野园林"

建设单位： 温州永嘉原野园林公司（国家以及园林企业）

竣工时间： 2013年12月

设计单位： 浙江视野装饰工程有限公司

主创设计： 王挺

助理设计： 章克伟

建筑面积： 1600㎡

基本材料： 透光薄膜、本地过筛黄粘土、本地石料、本地毛竹、旧红砖、水刷石、旧木板、钢材、玻璃、LED光源、各色仿古瓷砖等

"香草园餐厅"是温州原野园林公司的园中园，位于永嘉乌牛镇瓯江之畔，背靠大山面向瓯江地理位置优越环境优美！是一个结合企业自身产业特色打造以绿色香草植物围绕的主题餐厅。

"人与自然和谐共存的休闲生活方式"是业主对项目预期的理想；各种香草植物不仅起到园内绿化作用，更是利用各种可食用香草制做成餐厅的主推美食。

"香草园餐厅"原建筑只是个四周无围墙等距钢管支撑的简易阳光棚而已；由于是生产用地室内土地是不能固化的（所占土地日后还可还原可用），这些具体限制给做惯了室内空间的设计者带来不小的挑战！但同时阳光又是香草园的生命，是室内植物生长不可或缺的必要条件。

保留原来的阳光棚，不仅仅是为了植物的生长所需，更是给亲近大自然的顾客一种回馈。充分利用"阳光"作为院内基础照明既势在必行又绿色节能；以LED光源为补充，来做室内建筑造型、装饰、植物等效果照明光源；摒弃了高耗能的空调，采用自然通风为主及绿色植物带来的天然保温调节院内室温，使得室内常年能维持在相对舒适的温度，这些措施使得园内单位耗能降至最低，最后得到的结果正是"香草园餐厅"追求的"人与自然和谐共存"理念的诠释。

"让人与植物及空间一起感受时间的流逝"是"香草园"所呈现给顾客最直接最真诚最自然而然的一种态度！更是一种人与自然和谐共存的表达！建立了这种理念后，很多事情就有了头绪有了深入的方向。

"香草园"设计项目好玩之处在于，作品本身是有"生命"的，设计工作某种意义上讲只是做了基础架构的角色而已；随着时间的流逝四季更替，植物沿着预先设置路线生长并承担继续设计的使命！

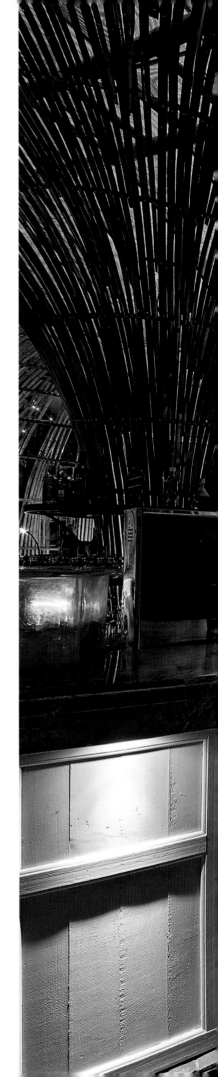

YI PIN TEA HOUSE
益品茶庄

项目地址: 温州永嘉瓯北镇

设计单位: 浙江视野装饰工程有限公司

设计主创: 王挺

项目面积: 500m²

主要材料: 原石、合成黏土、原木、方形青、砖水泥水刷石
玻璃、钢材等

益品茶庄是"大益茶"加盟旗舰店,为摆脱"大益茶"加盟连锁店乏味且单一的连锁店形式;益品茶庄追求体现自身特有的气质与品味,即"自然而然"的设计理念;从古典建筑文化中提炼抽象元素,结合普通原始材料,经过重新组合后呈现出似曾相识的自然而然的亲切感受。卖场与饮茶区、包厢尽量做到有机融合贯通,使"自然而然"的设计理念得以体现。在非常有限的预算内另辟蹊径,用最普通的材料来诠释中式茶文化中自然而然的文化内涵。

中国五十位优秀青年室内设计师
The Best 50 Young Interior Designers
of China

王

Wang

伟

Wei

中国建筑学会室内设计分会 会员

道伟（IDDW）室内设计顾问有限公司 董事

2013年

荣获"中国50位优秀青年室内设计师"

代表作品：

南京铂金设计师酒店、北京金铂麟会所、北京圣心SPA会所

南京诗雅大酒店、北京国奥村尚台铁板料理

南京名轩会所、北京香港鑫阿杜时尚火锅

CONCEPT
设计理念

LAOYUE
FASHION HOT POT
捞悦时尚火锅

项目地点：河北　　建筑面积：1000平方米
工程造价：147万人民币
主要材料：黑金龙石材、黑镜钢、彩镜、胶片玻璃、写真玻璃、火烧石、生态石等。

设计就是创造不可能的可能，让未来尽早的呈现。偏执是设计师必有的本性，设计师如果天天面对的是对甲方的妥协，则很难做出真正的好作品。懂得生活，方能设计，设计师是引领潮流的人，是创造新的享乐品位的人，是附有责任和使命的人，除了让每一个室内的空间赋予美的符号，更重要的是美的感官的享受。

做设计的过程是个思考和享受的过程，这时则需要感性和完美主义情绪。实现作品的过程则需要足够的理性和冷静，还有庞大的统筹去把握好每一个细节。当作品完成时则需要细细品味和感悟……

本案设计天马行空，不拘一格，既有运用建筑概念的简约手法，也有精致的欧式设计，整体色彩炫酷与迷幻，充满时尚的气息。楼梯上方巨大的长型水晶吊灯可以变幻出各种颜色，似银河、似帷幔，如梦如幻，坠入仙境。墙面的设计前卫大气，符合年轻人追逐时尚的心态。包间有几种不同的风格，散发出浓浓的欧式气息，神秘典雅，是聚餐的好去处。

WANG WEI'S INTERVIEW
王伟访谈

提问：在过去的五年里，发生在你身上最大的改变是什么？

王伟：真正的理解设计和执行设计，设计本身就是服务于人的，是最终给人以美的享受，在这基础上我们精心的营造材质、灯光、色彩等等美感的效果。做到真正用心的去设计，真正的为业主方考虑设计，做到百分百的设计，百分百的执行设计，才能做出惊艳、有内涵的作品。

提问：在未来的五年里，你的人生规划是什么？（包括职业、家庭等各个方面）

王伟：积累和沉淀了相当丰富的工作经验和优秀作品后，我创办了IDDW道伟设计公司，在今后，除了首先用心去做好每一件作品之外，更重要的就是发展团队的核心力量。做出更多更加优雅、更具美感和可持续使用的空间。寻找更多机会去出国游学、考察，参加更多更专业的设计竞赛，多和一些国际顶级的设计团队沟通和交流学习，逐渐地让我们的作品，走出国门，真正地和国际接轨。

提问：对于你今天取得的成绩，有什么心得可以分享？

王伟：其实是对自己的一个鼓励和认可，我会继续坚持和努力。设计师一定要有好的生活态度和生活方式，首先要热爱并懂得享受生活，之后才能懂得如何去设计生活。广泛的兴趣和爱好是设计创作的源泉，把握好业主方的投资额，做出超预算的效果，多为业主方考虑，用心微笑去对待每一个作品。感动每一个业主方，实现双赢，完成梦想。

提问：学设计、做设计到现在，各个阶段性的设计偶像是谁？

王伟：YABU、Candy&Candy、STEVE LEUNG、CCD、HBA等他们一直影响我，除了作品本身打动我之外，更让我惊讶于他们疯狂忘我的工作方式，和他们那不可思议的创造力的深度和价值。这些是一直伴随设计生涯和心灵上的良师益友。

提问：你的生活是什么样子的？工作和生活是什么关系？

王伟："快设计，慢生活"能够获得更多设计灵感，突破设计创意中的瓶颈，从而提高设计效率。放慢生活是让我们知道如何享受和品位生活。工作和生活独立分开，但是又有很多微妙的关联和共享。设计离不开生活，而生活缺不了设计。

提问：你如何给自己减压？

王伟："无论发生什么，用积极乐观的方式去对待"。因为乐观的人有一种精神和毅力，不过能做好这一点是很困难的。除音乐，电影，旅行之外，我会更多的和一些建筑师、平面设计师、编剧等进行跨界的艺术范畴交流，从而改变被禁锢的传统设计思维方式。

SHI YA
HOTEL BALLROOM

诗雅大酒店宴会厅

建筑面积： 4000m²

主要材料： 黑镜钢、安曼米黄石材、胶片玻璃、毛石、贝壳
马赛克、丝绸壁纸、火烧石、生态石等

设计师团队对原来建筑结构剖析，结合现代设计手法，添加现代与自
然元素。创造出空间的语言和贯穿的表达。大宴会厅的空间做到了极
致，身临其中，仿佛置身于豪华游轮，又仿佛置身于顶级艺术殿堂，
并通过线条和造型的完美结合，以及对宴会厅陈设艺术品的精心设计
搭配，时而奔放，时而收敛，收敛中暗藏艺术的浪漫。颠覆传统中式
新古典风格。其他空间，设计师独具匠心用各种语言相互碰撞，阐述
了空间亮与暗的对比，硬与软的对话，与之共鸣，把整个空间演绎得
淋漓尽致、浑然一体、大气磅礴！

TEPPANYAKI
RESTAURANT

铁板烧餐厅

工程造价: 200万人民币
工程地点: 河北
建筑面积: 997㎡
主要材料: 灰木纹石材、黑镜钢、安曼米黄石
材、胶片玻璃、热带雨林石材、毛石、贝壳马赛克、丝绸
壁纸、火烧石、生态石等

设计师在本案中注重地面设计与天花设计的和谐统一，以突出该料理店的大气与高雅。大厅地面设计简单却浓厚，再配合纯净的天花设计，让空间开阔，心情舒畅；包间的设计则显得风格多样，多为活泼的图案结合具有设计感的天花，或简约或庄重，适合办公聚会和各种酒会等。

包间面积大，且每一个包间都有不同的设计，给人独享的尊贵。店内还有以亭台楼榭为设计理念的流水坛，自然气息扑面而来。

50

中国五十位优秀青年室内设计师
The Best 50 Young Interior Designers
of China

CIID

杨

Yang

春

Chun

蕾

Lei

中国建筑学会室内设计分会 会员
杭州良品室内装饰设计有限公司 创始人

2012年

浙江省创意设计协会优秀创意设计师

2013年

总评榜年度十佳陈设艺术设计
金堂奖与中国（杭州）室内设计总评榜获奖设计师
荣获"中国50位优秀青年室内设计师"

代表作品

天津融科房产泰丰瀚堂会所、新时代家居生活广场、中尚蓝达西溪玫瑰示范区
万科公望主会所、乐慧坊精品酒店、戴菲一号SPA养生会所

CONCEPT
设计理念

地产示范区样板间的室内设计，核心是突出户型的优点，通过了解项目的目标客群，从而通过展示包装去放大优势，制造梦想，来实现一个购房者的需求。不同定位的项目，不同的面积，都有不同的客户。精准定位，了解客户需求，了解购买者的生活习惯与审美都是需要去关注的。在我的理解中，参观者的参观时间与体验感受可能更为重要，这是一个心理的需求，也是一个度的把握。在短暂的十分钟能给

参观者留下什么记忆点，能否激起参观者的梦想是设计的核心。设计目的同样是刺激销售，所以合适非常重要。不同人口，不同区域的城市有着不同的生活习惯，了解这些至关重要。样板间是展示，设计者更需要了解一个类群体的需求。

家庭装修的室内设计，则目的不同，是一个家庭的需求。家庭装修是消费品，不会象地产项目有投入和回报。如何让家庭的主人能够在繁

忙的工作之余回到自己的身心港湾，并且是一生的寄托。需要分两个层面去设计，生活功能的层面和精神的层面。在功能层面除了基本的功能外，还需要考虑在今后长时间居住时，家庭成员发生改变，或生活习惯改变而需要变动空间功能的可能性，所以就需要在初次设计时就考虑到可变的空间。在维护上也要考虑简易，经济。家庭除了实用的功能需求以外，在精神层面的需求也必不可少，当设计师了解业主的生活习惯后就需要去归纳整理，从而提出业主没有考虑过或没有意识到的适合改变功能，这样可以改变生活，从而满足精神，生活需求。从类似的空间中找到不同的需求，从而进行差异化的设计或许是未来专业设计师所必备的专业素质。

YANG CHUN LEI'S
INTERVIEW
杨春蕾访谈

提问：在过去的五年里，发生在你身上最大的改变是什么？

杨春蕾：从设计师角度去看，转为从需求者角度去看。从功能美学去考虑转为满足心理感受的需求。

提问：在未来的五年里，你的人生规划是什么？

杨春蕾：就职业而言，我会去参与更多的艺术类型的学习与实践。了解更多的文化差异，寻求其精华与养分。

提问：对于你今天取得的成绩，有什么心得可以分享？

杨春蕾：并不能说今天的成绩如何，这是见仁见智的。心得我想每个设计师都会有自己每个阶段的见解，当每过一段时间又会回头来审视自己的想法。就现阶段来说，我认为设计更多的是思考的方法。我现在拿到一个案子的时候，我首先会考虑的是这是一个什么场所，这个场所的客户是哪些人，这个场所能给哪些客户什么感受能让别人留下哪些记忆，客户会停留多长时间，等等，再来考虑如何满足这些需求。不同的需求会有不同的答案，没有最好的设计，只有最适合的设计。

提问：你的生活是什么样子的？工作和生活是什么关系？

杨春蕾：我是个爱好非常广泛的人，在工作之余就会想着去找自己的快乐，我的爱好也都是与艺术和美相关。比如收集各种有意思的旧物古玩，寻找小众或怪异的电影，用传统方式去人文摄影，用最古老的乐器去寻找古人的人生哲学等等。所以在玩乐中我会去发现设计的新视角，也会在工作中找到我新的兴趣点。这些已经成了习惯，密不可分。所以工作在生活中发现，生活在工作中满足。

提问：如果不考虑可实施性，你最想做的事情是什么？

杨春蕾：拍一部电影。用最少的演员和工作人员，用最少的镜头语言，用最少的对白讲一个深刻的爱情故事。这是我从高中时就想做的事情。

提问：目前为止，对你来说最遗憾的事情是什么？

杨春蕾：我不是个很会安排时间的人，所以这点会让我在满足我的好奇心的效率上大打折扣。

ENCORE MARTIN
FRENCH RESTAURANT
安可·马丁法餐厅

杭州的两位"老男孩"，对老工业古玩情有独钟，印度背回来的工业灯，意大利买回来的古董沙发，集聚于家中的大量藏品，这无处安放的情怀。时间沉淀过的人生，想要把这种世界各地的游历带给大家，于是他们决定开一家纯正的西餐酒吧，它的名字叫做"安可·马丁"。

外星人的启蒙源自20世纪60年代的美国电视剧《火星叔叔马丁》。一个脑袋后面长天线，随时可以隐身的火星人形象只要出现，就能唤起五十、六十、七十这三个年代生人对时代的认同感，这就是对西餐酒吧"安可·马丁"的诠释。

走进餐厅，无处不散发着复古的气息与时间的沉香。所有的椅子都是用头层牛皮制成，皮质使用越久年代感越强。腊变皮有一种年代感，坐上去能让人联想到欧洲老派绅士，温文尔雅，书卷气息。任意摆放充满vintage气息的收藏品，老唱片、电风扇、打字机，随意之中透露店家对于生活品质的细心追求。

UNCLE MARTIN，仿佛一道通关秘语，隐藏在餐厅的各个角落，真正能被这道秘语击中心灵泛起涟漪的人，才能懂得店主在餐厅中深藏着的又亟待被发现的奥义。

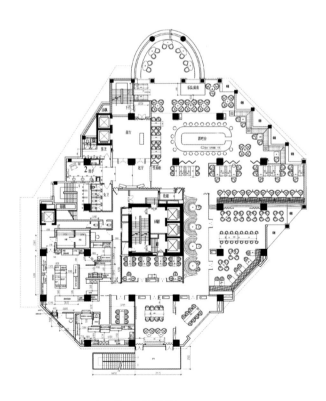

安可·马丁法餐厅平面

NEW TIMES HOME LIFE
SQUARE
新时代家居生活广场

本案为旧建筑改造，使"新时代"成功地从最初的"传统型建材市场"升级为"生活家居为主题的综合性一站式购物广场"设计，后参与并主持了从业态规划到建筑外立面设计；从广场景观设计到室内大厅通道升级的整体设计概念。

通过我们对新时代的升级改造，帮助甲方引进大量一线家居软装品牌，使原来的建材市场发生了质的提升，也改变了新时代的命运。

在外立面设计中，设计师做到了古典与现代的融洽结合，摒弃古典中复杂雕刻造型，保留经典的罗马柱体；上半部的玻璃幕墙，则水到渠成般将传统与现代建筑捏合在一起，同时玻璃幕墙中的面型灯带群，广场入口处大面块LED显示屏幕，在古典气质中注入强烈的商业气氛，醒目而恢宏，成为杭州本地不可或缺的地标性建筑。

广场内的外立面建筑体，也同样为古典与现代的结合，下方具有现代感的玻璃幕墙为之后的二期做准备，达到承上启下之作用。

在室内设计部分，既要考虑到未改造的装修部分，又考虑和崭新形象的契合，我们采用了以CBD商业卖场的整体协调性，在其中加入稍许DECO风格的设计元素，与外立面的创作思路相得益彰。

经过整体改造之后的家居卖场，得到客户和受众的认可。改变并提升了新时代的购物方式和命运，即是"设计的目的"。

西侧外立面平面图

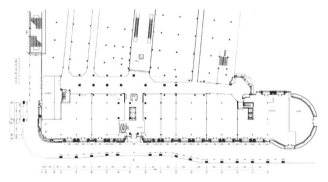

广场立面平面图

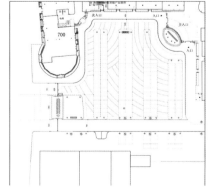

中国五十位优秀青年室内设计师
The Best 50 Young Interior Designers
of China

杨铭斌

Yang

Ming

斌

Bin

中国建筑学会室内设计分会 会员
硕瀚创意设计研究室
杨铭斌设计事业（佛山）有限公司 创始人、总设计师

2012年

获中国国际建筑及室内设计节"金外滩"奖最佳商业空间奖及最佳住宅空间奖
2012获第七届"金盘奖"年度最佳样板房银奖

2013年

获第十六届中国室内设计大奖赛办公工程类银奖
荣获"中国50位优秀青年室内设计师"

代表作品

时代地产佛山时代倾城示范单位、广州o.cn网络技术有限公司总部
肇庆奥园示范单位及办公总部、江门碧水湾示范单位、
佛山四季小筑精品酒店、旨膳日本料理餐饮连锁品牌、戈登灯饰展示体验生活馆

CONCEPT
设计理念

设计是彼此间深层次的情感交流。注重以简练的线条与比例，将情感与空间完美结合。不断地超越与探索其空间的本质。空间是最直接触动我们情感的视觉形体，透过空间让功能、实用、美观和故事性更好地在整个设计事件中表达出来，是我们始终坚持的。有了这一系列的情感基础，对于商业类型的项目来说，我们相信对高质量和艺术美感的执着会让设计产品产生自身的价值。

设计就像生活，是我们与生俱来的，你有怎样的生活就决定你的设计是怎么样的。在设计探索上将近10年了，让我认识到与对设计有意识以及有追求的客户群体，共同成就作品。这也一直支持我们继续在设计事业上探索与研究，让设计带给我们生活的质感和与商业本身的价值最大化。

YANG MING FU'S
INTERVIEW

杨铭斌访谈

提问：在过去的五年里，发生在你身上最大的改变是什么？

杨铭斌：通过坚持、探索、研究、表达、实践，使设计的最大价值得以体现。从而得到业界及甲方的肯定与信任。

提问：在未来的五年里，你的人生规划是什么？（包括职业、家庭等各个方面）

杨铭斌：继续坚持、研究、实践，将设计、商业和生活构成完整的关系形态。以明确精准的设计方法，驱动商业的运作策略和模式；发展出更加优质的服务内容和服务品质，构建和每个合作伙伴关联的期望及可持续的能力。

提问：对于你今天取得的成绩，有什么心得可以分享？

杨铭斌：坚持、专注、用心。

提问：你的生活是什么样子的？工作和生活是什么关系？

杨铭斌：我的生活很简单，如同我的设计一样。在我这里，生活与工作不是对立的，是融合的，是一种生活方式、是一种信念。

提问：你如何给自己减压？

郑军：压力大的时候如果时间允许我最喜欢出去旅游，如果时间不允许就打打球，看看电影，陪女儿玩儿，和家人聊聊天。

提问：你的设计创作源泉是什么？

杨铭斌：生活的积累。设计创作没得学，需要亲身体验才懂得为什么；用心生活，才会创作出让人感动的设计。

提问：如果不考虑可实施性，你最想做的事情是什么？

杨铭斌：让所有人都认识设计、了解设计、尊重设计。

A BRAND CULTURE
EXHIBITION HALL

某品牌文化展示厅

项目地址: 广东佛山
设计单位: 硕瀚创意设计研究室
设计主创: 杨铭斌
设计时间: 2013年
竣工时间: 2014年
项目面积: 180m²
主要材料: 白色乳胶漆、镜面、黑色拉丝不锈钢、皮革等

以体验者为主题的展示空间。体验者的生活态度，是关于尝试、挑战、创新和冒险的生活实践过程，也是关于生活品质、格调、趣味和标准的生活状态。该项目原本是一个10mX18m平整方正的四面墙空间，设计师在空间里放了一个盒子，让空间形成一个可以回转的路线，在每个洞口，还以中轴线对称的形式设置，使空间里的各个焦点更为集中。空间里使用了最简单最纯粹的材质，就像我们绘画用的白纸。按需求，为这最纯粹的空间填充内容。

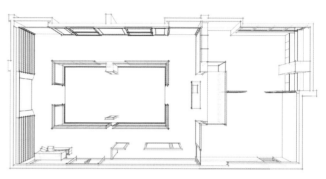

平面图

平面图

READING ROOM
阅读空间

项目地址: 广东佛山

设计单位: 硕瀚创意设计研究室

设计主创: 杨铭斌

设计时间: 2013年4月至5月

完工时间: 2013年8月

项目面积: 180m²

主要材料: 木饰面板材、白色胶胶漆、清玻璃、木地板

空间与艺术的某个部分支撑了这个场域的精神，让整体呈现出一种艺术气质的静谧空间。空间是容纳生活的器具，艺术是凝聚生活的感动。每件艺术作品都有其适切的空间居所。

空间与艺术二者之间相互对话互动，隐藏着一种阅读空间的顺序。

会议区以一个盒子造型，与办公区形成分隔空间，使方正空间更具层次感. 整个室内空间，更以一个铁架书柜作为主要功能空间的分隔线，使总设计师房间享受独立的工作空间，形成空间的互连关系，让空间与空间之间保持密切的沟通关系，这对办公空间非常重要。

中国五十位优秀青年室内设计师
The Best 50 Young Interior Designers
of China

张
Zhang
健
Jian

中国建筑学会室内设计分会 会员
大连工业大学 教师

2003年

毕业于大连工业大学环境艺术设计专业

2006年

入职大连工业大学艺术与设计学院，担任环境艺术设计专业专职教师
同年，设立张健设计事务所

2013年

荣获"中国50位优秀青年室内设计师"

代表作品：

LUCK时尚料理三号店、小写意大情怀一中式会所设计
大连金石滩生命奥秘博物馆

海洋之魂
Ocean Spirit

CONCEPT
设计理念

书法艺术，
打开我们看设计的另一只眼睛！

在书法艺术中，一横一竖，一撇一捺，张弛之间，都是章法。张有张的道，弛有弛的道。于空间的设计艺术而言，平面规划，是对空间整体的统筹，就好像要在一张尺寸有限的宣纸上妥善布置我要书写的字；而具体到每一个空间个体，它们都有六个界面，如何兼顾形、色、光等元素的同时存在，就需要空间艺术的章法；再细究到每一个界面，就更加明了了，点与线之间，疏密、节奏、韵律，我想每一个研习书法的人都能够在其中找到共鸣之感。一个整体空间中，我们要表达的不是某一个细节，而是整个空间氛围，所有的一切都是为这个目的而服务的。只有明确了这一点，才能不拘泥于某一个细节的处理。

每一种书法体都有其最终形成的历史背景、社会环境等各样因素，而每一种室内装饰风格，也反应了某一地域、某一时代下的社会风潮。究其源，便不难理解每种室内装饰风格的精髓了。

不同的艺术类别有着不同的章法，对于书法艺术的研习，能更好地帮助我去理解空间，进而去设计空间。我想，令人在做设计的过程中大获裨益的不仅仅是书法艺术，音乐、绘画、篆刻等多种艺术门类都会打开我们看设计的另一只眼睛，获得另一个维度上的理解与帮助。

MYSTERIOUS LIFE MUSEUM

ZHANG JIAN'S
INTERVIEW

张健访谈

提问：在过去的五年里，发生在你身上最大的改变是什么？

张健．学会选择。这包括对业主的选择、对项目的选择。而不是一味地闷着头去做设计。

提问：在未来的五年里，你的人生规划是什么？（包括职业、家庭等各个方面）

张健：职业规划上，未来五年还是希望多做一些经典的、有影响力的项目，这应该是对自我不断提升的一种期许。家庭方面，未来五年，可能面临身份的转换，应该会开始去承担一个"父亲"的角色。

提问：对于你今天取得的成绩，有什么心得可以分享？

张健：我选择做设计完全是出于热爱，所以才会有那么多无怨无悔不眠不休的夜，以及后来呈现在大家面前的作品。设计师是一个需要不断积攒能量，沉淀自我的职业，而且，要永远保持着最初的赤子之心。用一种"玩儿空间"的轻松心态去做设计也许会得到意想不到的结果。

提问：你的生活是什么样子的？工作和生活是什么关系？

张健：我的生活比较简单，基本也都是围绕着工作展开的。家和办公室只有一条马路的距离，这能最大程度地为我节省时间，给我提供了很大的便利性。生活中，我走到陌生的地方、看到新鲜的事物，都会联想到我的设计。设计无处不在，设计师敏感的嗅觉一定不能仅仅停留在工作时间。去体会生活，才能做出更好的设计。

提问：你的设计创作源泉是什么？

张健：我认为没有什么固定的事物或地点是能够带给设计师创作灵感的，从自然界的山川河流，花草树木到人文社会的千百年智慧积淀，都是可以从中获得设计灵感的。如果非要归于一点，那应该得益于我自幼开始研习的书法，那些碑帖古文似乎已经深深融化在我的血液里面了，这让我更倾心于一些文化底蕴深厚的事物。

提问：你如何给自己减压？

张健：首先要在繁重的工作之中保证足够的休息，其次我比较喜欢看电影，电影艺术为人们打造的虚拟光影世界可以让我最大程度上得到放松。每一个电影场景，都是经过精心设置的，这对做设计也会有很大的启发。

DA LIAN MYSTERIOUS
LIFE MUSEUM

大连金石滩生命奥秘博物馆

项目地址： 大连市金石滩风景区
项目面积： 6000㎡

本案围绕生命的奥秘为主题，以诠释生命的起源为设计理念，与大连海洋文化相结合，力求营造出独特的空间气质与韵味。生命奥秘博物馆展览面积近6000平方米，展厅共分为三个部分：海洋之魂、脊椎王国、人体世界。收藏展品2000余件，共有20余项世界纪录。预计年接待人次达40万以上，将成为国内最大的私营博物馆，世界范围内规模最大的塑化标本自然类博物馆。

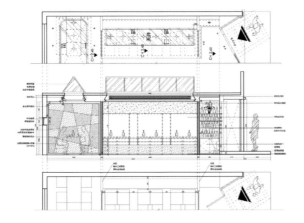

立面布置图

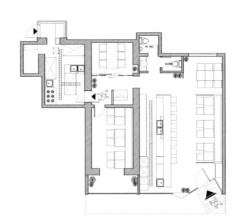

平面布置图

LUCK FASHION FOOD STORE NO. THREE

LUCK时尚料理三号店

坐落地点: 大连

设计单位: 大连工业大学/张健设计事务所

设 计 师: 张健

面　　积: 103m²

设计时间: 2013年4月至5月

竣工时间: 2013年6月至7月

摄　　影: 张健

主要材料: 金属马赛克、花岗岩、白色鳄鱼皮软包、石英石
镜面玻璃、雷士照明、TOTO洁具

本案不同于传统料理店风格,融入更多时尚设计元素,突破传统料理店特征,融合现代时尚元素,诠释现代创意料理。色彩以白色为主,力求达到清新自然另类的时尚空间,打造别样的视觉效果。在有限空间中,满足功能的基础上,最大化的利用空间,使空间合理且完善。方案中注重材质质感变化与对比,采用较多的天然材质,如:白色文化石天然的质感起伏与镜面玻璃相对比、真皮软包的墙面与吧凳、黑色烤漆玻璃与镜面的运用,使得空间更具质感。局部马赛克拼图使得空间更显精致细腻。照明采用多种照明方式,用灯光点缀空间、烘托气氛。整体调子使得空间干净、明亮。小空间别致且有张力,内敛且不拘一格。与众不同是风格,变化创新可迎来收获与希望。

中国五十位优秀青年室内设计师
The Best 50 Young Interior Designers
of China

50

CIID

张
Zhang

明
Ming

杰
Jie

中国建筑学会室内设计分会 会员
中国建筑设计研究院 工作室主任

2012年
室内设计《首发大厦》受邀参加于韩国举行的亚洲室内设计联展，并获优秀奖

2013年
代表本院参加光华龙腾奖第九届中国设计业十大杰出青年评选
2013年荣获"中国50位优秀青年室内设计师"

代表作品
首发大厦、昆山文化艺术中心影视中心
北京天桥文化艺术中心、大同机场新航站楼、青藏铁路拉萨站站房

CONCEPT
设计理念

隐性设计

这四个字可概括本人对设计的理解，
它包含以下四个方面：

隐晦之惑

——对于设计本质的思考和设计思维规律的把握。设计包含理性和感性两方面，设计过程中，可量化的逻辑思维永远与顿悟的灵性感悟相交织，可见，设计的永恒魅力在于它"说不清道不明"的隐晦之处。

隐居之所

——成功的设计师要具有超脱的境界和独立的精神世界，室内设计师的精神世界应该包容的涵盖芸芸众生，同时为心灵保留一块纯粹的隐居之所。

隐喻之美

——室内设计中的美不可简单理解为形式美、造型美；它是功能美、材料美、结构美、节奏美、序列美等相互联系又相互制约的美学系统，设计的美不是直抒胸臆的，而是隐喻的。

隐退之策

——某种程度上，设计工作属于服务行业，我们要为业主负责，为使用者负责。成熟的设计师要做到"忘我"，要通过设计的手段为业主解决问题，不要把每个项目都做成"自我宣言"式的设计，设计师要适时隐退。

大同机场剖面1

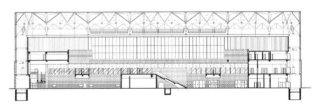

大同机场剖面2

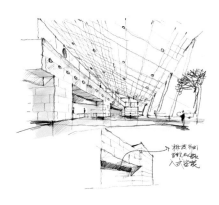

登机大厅草图

进送大厅草图

ZHANG MING JIE'S
INTERVIEW
张明杰访谈

提问：在过去的五年里，发生在你身上最大的改变是什么？

张明杰：过去的五年有了工作室、有了家庭、有了孩子。

提问：在未来的五年里，你的人生规划是什么？（包括职业、家庭等各个方面）

张明杰：总的来说，希望事业和家庭均衡的发展。设计事业上希望能有条不紊的建立完善个人的设计语言、设计哲学和设计品牌。家庭生活中希望尽最大努力多陪家人，成为家人幸福生活的缔造者，希望家人为我感到自豪。

提问：对于你今天取得的成绩，有什么心得可以分享？

张明杰：今天的成绩首先要归功于团队的力量，好的设计合作伙伴是成功的关键。其次是目标要明确，要清楚定位自己在这个行业里要到达的状态和高度。之后就要持之以恒，坚持不懈的努力了。虽然每个人的情况和境遇不同，剩下的都是相同的。

提问：你的设计创作源泉是什么？

张明杰：深深的喜爱设计，享受设计的过程是我的创作源泉。设计是一场苦旅，是不断和自己的思维定式作斗争的过程。好设计师不断批判自己、折磨自己。所以，伟大的设计都是感人的，做出感人的设计是我设计创作的动力。

提问：你如何给自己减压？

张明杰：有经验的心理医生说过，治疗恐惧最根本的方法是直面恐惧、战胜它。我坚信这一点，所以我会直面压力，找到压力的根源消灭它！

提问：如果不考虑可实施性，你最想做的事情是什么？

张明杰：拍一部可以和《穆赫兰道》媲美的中国心理悬疑片。

DA TONG AIRPORT

大同机场

项目地址： 大同

设计单位： 中国建筑设计研究院

设计主创： 张明杰、邸士武

设计团队： 邸士武、江鹏、张然、王默涵、李毅、许丽伟

设计时间： 2012年

项目面积： 7800m²

主要材料： 铝板、铝方通、花岗岩、洞石、橡木等

大同机场新航站楼室内设计面积为7800㎡，设计体现了国际化先进机场的设计理念，风格简约、大气、整体、浑厚，室内设计延续建筑精髓，保证建筑总体造型的通透感，功能布局清晰、合理，凸显交通空间的便捷、高效，同时使机场的标识导引系统一目了然，清晰可见。在现代简洁的国际化风格下，适当体现地域特色，主体材料为米黄色罗马洞石取其西北地貌肌理，传达出大漠孤烟、长河落日的西北气度与豪迈。中性偏暖的基调也营造出温馨的气氛，让旅客有宾至如归的感受。

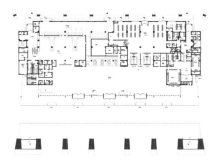

F1平面图

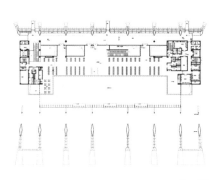

F2平面图

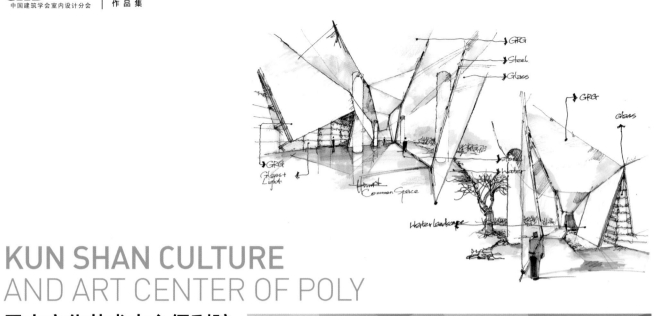

KUN SHAN CULTURE
AND ART CENTER OF POLY

昆山文化艺术中心保利院

项目地址：昆山

设计单位：中国建筑设计研究院

设计主创：张明杰、张晔

设计团队：邸士武、江鹏、张然、王默涵、李毅、许丽伟、饶劢、
纪岩、郭林、刘烨、韩文文、马萌雪、顾大海、刘露蕊

设计时间：2012年

项目面积：7600㎡

主要材料：陶板、GRG、木丝板、黑色石材、地毯、丝网印玻璃等

影视中心属于整个昆山文化艺术中心。其特有的空间形态与经营对象决定了整个室内空间既要延续建筑外部空间特点，适当体现地域文化，更重要是创造出符合影城特点的商业气氛。水珠与流水的形态最能体现江南水乡温婉含蓄的特质，其弧线造型时尚、动感。

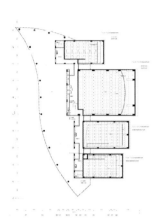

影视中心二层影院顶面图

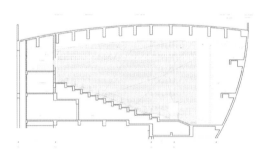

F2平面图

中国五十位优秀青年室内设计师
The Best 50 Young Interior Designers
of China

郑
Zheng

军
Jun

中国建筑学会室内设计学会 会员
成都耕图建筑装饰设计有限公司 设计总监

2013年
荣获"中国50位优秀青年室内设计师"

代表作品
富临·晶篮湖样板间、麓山国际别墅
蔚蓝卡地亚联排别墅、雅居乐联排别墅、维也纳森林别墅

CONCEPT
设计理念

空间自有生命，设计赋予灵魂。

ZHENG JUN'S
INTERVIEW
郑军访谈

提问：在过去的五年里，发生在你身上最大的改变是什么？

郑军：最大的变化是对设计的更多感悟和思考，感悟设计和生活、美学的平衡，思考设计和文化、传承的关系。设计是一种文化的表现形式，同样具有不可逆的传承性，将现代设计与传统文化相结合，对传统文化进行传承和再创造，使现代设计更具有文化性和世界性。

提问：在未来的五年里，你的人生规划是什么？（包括职业、家庭等各个方面）

郑军：现在设计领域主要是高端私宅和商业空间，3年或者5年内这些领域应该会朝着设计专业度更高、设计公司品牌知名度、美誉度更加重要、分工更细、多学科多专业合作参与才能完成好的作品的方向发展，所以在专业方面还有很多领域需要关注和学习，要不断钻研、感悟、总结。在享受设计的过程中，也要享受设计带给我的更多生活乐趣，工作之余更多的出去走走，关注更多国内国外优秀设计作品，享受生活享受设计。

提问：对于你今天取得的成绩，有什么心得可以分享？

郑军：作为一名设计师一定要有更多的责任感和使命感、职业道德，设计师和客户、材料商、社会形成真诚、理解、多赢的关系才是良性

和可持续的，设计师的根本职责是帮助客户得到长久舒适、实用、环保超出她们想象的好作品，同时不断钻研专业与同行共同推进整体设计行业向着更高的层次迈进。

提问：你的生活是什么样子的？工作和生活是什么关系？

郑军：我的生活很简单而充实，工作的时间之外我更喜欢和家人在一起，带带女儿，看看电影，听听音乐，打打球，旅游，看书都是我比较喜欢做的事情。工作和生活要平衡，不能顾此失彼，工作是为了更好的生活，生活中发现更多工作中需要的设计元素，生活中积累更多的设计经验。

提问：你如何给自己减压？

郑军：压力大的时候如果时间允许最喜欢出去旅游，如果时间不允许就打球，看电影，陪女儿玩儿，和家人聊天。

提问：你的设计创作源泉是什么？

郑军：设计创作源泉大部分来自生活体验和出去旅行经历、客户的需求。

JINGKE ERA GARDENS
时代晶科名苑

设计单位：成都耕图建筑装饰设计有限公司
设计主创：郑军

时尚、现代、简洁、舒适、源自需求的空间完美分割是这个作品的最大亮点！黑白灰三种永不过时、永远经典的颜色在这个作品中运用到了极致！此作品无论是从空间的组合，还是家具的选择都堪称一流。客厅设计为半开放空间，看似联通的空间，其实又有窗帘可做阻隔，适用于不同需求。原木模板直接将四面墙裹了个干脆，让人感觉轻松惬意又亲近自然。精致且独树一帜是对这个作品最好的概括。即使在夜晚，你也能感受到每个空间都在呼吸。在户外花园里借着傍晚的余晖和灯光都能体会到这个空间里面设计师所传递出的智慧和执着。

"SHU" WIND HOUSE

蜀风停苑

设计单位： 成都耕图建筑装饰设计有限公司

设计主创： 郑军

设计师考量，蜀风花园比邻金沙遗址，整个外建筑充满西蜀风情，并结合当今成都都市人生活状态，拟定"蜀风停苑"概念。"停"取至"停车坐爱枫林晚，霜叶红于二月花"。城市与我们是一个陀螺，不断旋转，设计师在此情此境下，打造舒缓宁静的空间，为城市留下一片恬静。

室内中式和简欧的碰撞，打破中式的沉重，保留空间感。本案首先更改入户门厅的位置，延长进门动线，走过小桥水池再进门，给人中式庭院的风味。进入小院首先映入眼睑的是小桥水塘，小桥蜿蜒幽深。楼梯扶手取自中式屏风造型，垂直到顶，和室外小桥的弯曲呼应，一曲一直平衡整个空间。客厅加以扩大，在开阔空间的同时，沙发背景镂空和蜀绣，地面类似祥云图案的地毯，软质元素中和大空间的生硬感，达到空间的平和。厨房顶面透光石和室内镂空隔断的运用，软化模糊了空间分割线，空间融为一体，别具一格。

儿童房的简单造型，寓意孩子的未来有无限种可能，留一片空白让他自己填写。白和蓝的简单搭配。墙面大面积留白，既中国书画中"留白"的手法，空白处非真空，乃灵气往来，生命流动之处。设计师在塑造一个空间，述说一种情怀，心空道亦空，设计现本心。

50
中国五十位优秀青年室内设计师
The Best 50 Young Interior Designers
of China
CID

周
Zhou

海
Hai

新
Xin

中国建筑学会室内设计分会 会员
广州集美组室内设计工程有限公司项目 设计总监
CIDA中国室内装饰协会 高级室内设计师

2010年

荣获2008第四届海峡两岸四地设计大赛设计师组公共建筑方案类 铜奖

2010年

荣获金堂奖2010年度优秀公共空间设计
荣获第八届中国国际室内设计双年展 银奖
荣获金羊新锐杯2010珠三角室内设计锦标赛酒店空间组十佳设计师荣誉称号
荣获金羊新锐杯2010珠三角室内设计锦标赛酒店空间组 亚军
荣获金羊新锐杯2010珠三角室内设计锦标赛办公空间组十佳设计师荣誉称号
荣获金羊新锐杯2010珠三角室内设计锦标赛办公空间组十佳设计师荣誉称号

2011年

荣获"为中国而设计"第五届全国环境艺术设计大展优秀作品
荣获2011年第八届精瑞科学技术奖整体精装修奖
荣获第九届中国室内设计双年展 银奖

2013年

荣获"中国50位优秀青年室内设计师"

代表作品

北京谷泉会议中心、岳阳大酒店、温岭耀达国际大酒店
敦煌莫高窟游客中心展陈设计、郑州裕鸿精品酒店、岳阳云梦宾馆

ENCORE MARTIN
FRENCH RESTAURANT

北京谷泉会议中心

CONCEPT
设计理念

源于生活

设计源于生活，高于生活；美来源于自然，
生活和自然一直是我设计的源泉。

ZHOU HAI XIN'S
INTERVIEW

周海新访谈

提问：在过去的五年里，发生在你身上最大的改变是什么？

周海新：在五年的工作生活里，我学会了做人，并且懂得了设计是什么。核心就是个人对待工作与生活有了新的认知。性格的改变也是其中一个变化，原本内向的我在工作后体会到沟通是个重要的环节，很多事情必须通过沟通才能解决，其中不仅仅是设计方面的交流，和他人的交流也可以更好的提升自己。一开始我认为设计是要有创意，并要能展现自己。慢慢地，我明白了设计是一项为大众、为别人服务的工作，我们应带着一份社会责任感去从事设计工作。

提问：在未来五年里，你的人生规划是什么？

周海新：很多人心中的五年计划可能是想着如何展开自己的另一个人生阶段，但此刻我想对自己说：先停下来——总结自己，看看世界。工作已踏入第九个年头了，现在问我未来五年的计划，我暂时确实没多想，但此刻我最想的是用一年的时间，总结一下九年的得与失、对与错，也希望能多看看这个世界，多感受生活。

提问：对于你今天取得的成绩，有什么心得可以分享？

周海新：工作到现在，"成绩"这个词暂时还不能出现，因为在我看来，设计是需要用一生去经营的，除非我现在已经不再做设计了，那样才可以换个角度去审视过去的自己、看到过去的成绩。

但工作多年，自己的心得还是有一点的，我把自己的一些经历与经验分享一下。

毕业到现在，参与过很多大大小小的项目。其中广州军区留园改造项目是我毕业来到公司第一个跟进的项目，当时被安排在工地里，感觉是一种现实与理想的反差。这个项目对我最大的意义就是让我明白了设计是什么，启蒙了刚入职懵懂的我。

其次是亚运棋苑这个项目，虽不是很大的项目，但在实施的过程中让我尝尽了酸甜苦辣，从那以后我便知道设计原来并不是那么简单，它让我深刻地体会到设计的统筹及把控能力对一个设计师的重要性。

2012年，我接手谷泉会议中心，在大师完美的建筑里，融入整个室内空间的设计。建筑的形体是非常规的几何形体，面对这么复杂的一个非常规性建筑物，该如何展开、如何协调、如何去实现创意等诸多问题摆在面前，对于我来说是一个很大的挑战，也启发了我对非常规设计项目的思考。

一路走来，这些项目对我影响颇深，对于我来说具有一定的代表性。

提问：学设计、做设计到现在，各个阶段性的设计偶像是谁？

周海新：在设计行业里面，有很多优秀的设计师都是我们学习的对象，但对于我来说并没有什么偶像的概念。我觉得我们更应从一种学习和交流的层面去看待一个作品，学习他人解决问题的方式，及创作的方式等，这些是思考模式，工作逻辑，而不是盲目地去崇拜、去喜欢这个人及他的作品；我觉得更多的是通过他人的作品去看到他们的优缺点，学习变通、延展，这样，所谓的偶像与崇拜，才会帮助我们进行一个质的提升。

不同时期，影响我们的人都不一样的，除了父母或是你的另一半，很少会说有某个人可以一直影响你。我觉得是每个阶段某些人的思想会影响到你那个时候的决定。比如在某些阶段遇到某些困难的时候，而刚好在那个时候，某个人一句话或一种想法就会影响到你，把握住了，就会变成影响你人生的一个关键转折点，或大或小。

提问：你如何给自己减压？

周海新：在遇到压力的时候，每个人都有自己的减压方式，我的减压方式就是和他人去交流，去分享，当然这也是设计中一个很重要的环节。当处于压力下、瓶颈处，和前辈们多作交流，因为前辈们也是这样一路走过来，他们会给我很多意见和建议，会使我豁然开朗。在我看来在压力面前要学习阿Q精神，自我调整，并勇于面对，不逃避。

提问：你的设计创作源泉是什么？

周海新：设计创作源于生活。说白了，设计是一个服务性的行业，我们设计的核心是为他人着想，从他人的使用角度上出发。设计源于生活，美源于自然，所以我的设计一直是围绕着生活与自然而去展开的。

GUANG ZHOU
CHESS INSTITUTE

广州棋院

项目地址：广州市横枝岗路

设计单位：广州集美组室内设计工程有限公司

设计主创：周海新

设计团队：周海新、刘锡硅

设计时间：2009年

项目面积：22000m²

主要材料：麻石、涂料、仿古铜金属、彩色玻璃、透光膜、柚木饰面

广州棋院位于广州市横枝岗路289号地块，是为承办棋类比赛项目而建的市重点工程。占地面积约1.2公顷，西北临白云山，并与麓湖隔山相望，环境优美，自然景观丰富，交通便利。规划用地面积：

12204.95m²，总建筑面积：14360m²，其中：地上建筑面积：11190m²，地下建筑面积：3170m²。建筑高度为24米。功能主要包括一个1000m²的比赛大厅；一个900m²的比赛大厅；以及赛事管理区、运动员及随队官员区、贵宾及官员区、赞助商区、新闻媒体区；另外包括为整个项目配套的餐厅及设备用房、行政用房、停车库、配套设施用房等。

设计分析：

室内设计以现代岭南风格为主线，从岭南建筑中抽取设计元素，用现代的手法重新演绎与组织，形成一种新的设计语汇。在空间的设计中，注重室内各功能空间的流通与穿插，务求使整体空间达到一定的流畅性，注重大空间层次与重点设计节点的组织关系，将岭南的质朴内涵渗透其中，强调一种地域文化内涵的体现；我们的空间强调的是一种高雅的气质，这与棋艺的深层次内涵是不谋而合的；空间装饰也注重强调岭南文化，如挂墙的艺术木雕，彩色玻璃指示牌，走马灯等等，都是岭南元素的一个重要体现。

YUE YANG
HOTEL

岳阳大酒店

项目地址： 岳阳市站前路

设计单位： 广州集美组室内设计工程有限公司

设计主创： 周海新

设计团队： 周海新、刘锡硅、许贤婷

设计时间： 2013年

项目面积： 27000㎡

主要材料： 石材、古铜色金属板、夹丝玻璃、艺术墙纸、水曲柳木饰面、灰橡木

谓之印象—意谓情感、积淀、格调：

岳阳印象是湖湘文化的渊源积淀：

在湖湘民族文化星空里，龙舟文化无疑是一颗璀璨夺目的明珠，她是人民生活情怀与自然美态的纽带。龙舟文化是一种深厚的精神情怀，她以洞庭湖水为背景展现出积极向上，美好祝愿，喜庆祥和的生活景象，数千年来以生动群活的形式承载着千年累积的文化信息，成为湖湘人民文化精神的内聚力量。

整个酒店设计追求生活、文化与艺术的完美搭接，为宾客呈现一幅瑰丽惬意的龙舟文化意象画卷。运用龙舟文化与之关联的意象转化到空间界面，使空间成为龙舟文化的载体。

50

中国五十位优秀青年室内设计师
The Best 50 Young Interior Designers
of China

CIID室

周
Zhou

圆
Yuan

中国建筑学会室内设计分会 会员
深圳市朴谷建筑艺术设计有限公司 设计总监

2012年

CIID照明周刊优胜奖

2013年

荣获"中国50位优秀青年室内设计师"
CIDA中国室内设计大奖之别墅设计奖提名奖

代表作品

济南重汽外滩样板间售楼处、福州聚龙小镇别墅样板间
深圳法诺家居会所、上海兰博基尼床垫展厅、深圳NEO航空动力办公室

MIXTIE服装展厅

CONCEPT
设计理念

很多人认为设计是一次服务，一次甲方给予乙方的任务。我不这么认为，任何一个乙方包括我们自己在做设计服务的时候，如果只是作为一次任务来完成，它往往失去了原本的美丽。我孤独地认为，好的设计一定是一次体验，更是一场盛宴。何为设计，设计是应用艺术。而艺术注定要有独一性。我们经常说艺术既是溢出，在我们设计中亦要有此精神。我们必须强调我们的设计是独特的，它独特性的魅力对客户、终端用户和设计师自己都是一次崭新的体验。它的独特性可以表现为一个造型，一种灯光布置，一个空间装置等元素。当然它不是凭空而至的，它和设计主题是有交融渲染，相映生辉的。只有报以一次体验的精神，我们在做设计的时候才会像初恋赴约时有足够的激情，去把项目当做一次暧昧的约会，一次创意的盛宴。

ZHOU YUAN'S
INTERVIEW
周圆访谈

提问：在过去的五年里，发生在你身上最大的改变是什么？

周圆：四年前开始学英语，从一个英语盲到现在和老外一起工作时沟通没有任何障碍。两年前开始学习瑜伽冥想、开始画画，从未停止。发觉执着其实也可以是一种习惯。一年前获得伦敦艺术大学切尔西艺术与设计学院的offer，今年六月二号踏上我的留学之路。

提问：在未来的五年里，你的人生规划是什么？（包括职业、家庭等各个方面）

周圆：未来一年半会在英国专心深造，如果条件允许还希望自己能继续学习画画，再努力些就申请一个纯艺术的硕士学位。希望自己将来成为一个游走于艺术和设计之间的人。至于家庭方面，最理想的是成为更国际化的家庭，有选择一个地方都可以生活若干年的状态。毕竟人生都是不同形式的旅程而已。

提问：对于你今天取得的成绩，有什么心得可以分享？

周圆：执着乃至像信仰般的执着可以摧毁一切障碍，培养独立思考习惯，设计路上切勿盲从。

提问：你的设计创作源泉是什么？

周圆：设计创作的源泉可以总结为对自然的崇尚，对生活的提炼，对思维的精简。

提问：你如何给自己减压？

周圆：我的解压方式有两种，一种就是画画看书，一种是研习瑜伽冥想。

提问：如果不考虑可实施性，你最想做的事情是什么？

周圆：自由地学习，自由地旅行。

MIXTIE
CLOTHING MODEL SHOP AND OFFICE

MIXTIE服装示范店及办公室

项目地址： 广州TIT创意园

设计单位： 深圳市朴谷建筑艺术设计有限公司

设计主创： 周圆

设计团队： 杜龙、杨冰、刘爬军等

设计时间： 2012年5月

完工时间： 2013年1月

项目面积： 1200㎡

设计主材： 钢材、艾特水泥板、PVC胶板、玻璃、人造石

本项目位于广州知名创意园TIT内，结合周边富有历史根基的环境及后现代的空间构造，我们把一个原来的大厂房灵动的分割出横纵动线。上下共设计了三层，越往上私密性越强，故而最上面变成了公司最机密也就是最核心的样板设计部。前后也是分从大开敞区适合做T台发布会公共区到后面生活协助区，空间层次玲珑有致。此项目风水先行，需求是要旋转大门的方位对向室外一颗树（茂盛的大树也象征生意繁荣）及人来（意为财来）的方向。通常某些项目风水可能与设计相悖，但这个项目通过风水的应用反而对整个空间有了大幅的视觉上的提升。设计借势在室内也应用抽象的大树的概念，运用非常经济的材料营造出后工业设计感极强的繁华景象。

F2平面图

PRIVATE
HOUSE

私人住宅

项目地址： 深圳五园

设计单位： 深圳市朴谷建筑艺术设计有限公司

设计主创： 周圆

设计团队： 杜龙、刘爬军等

设计时间： 2013年

完工时间： 2014年

项目面积： 450m²

设计主材： 大理石、木地板、仿木纹砖、美国松木、水曲柳
实木

深圳第五园是现代中式徽派建筑住宅群，业主刚好是中式家私的收藏者，所以整体设计都非常和谐统一的营造了一个现代时尚中式的氛围。在空间营造上都极力表现体块对称和元素呼应的中式对景。适当的加建后空间更为实用及人性化，尤以一层餐厅扩建后形成二楼悬廊与一层内庭院的互动最为明显。完成后的空间感极为灵动，几种纯净颜色的应用既符合业主小孩的需求，又显得画龙点睛，生气十足。

中国五十位优秀青年室内设计师
The Best 50 Young Interior Designers of China

50

CIID

朱 Zhu

晓 Xiao

鸣 Ming

中国建筑学会室内设计分会 会员
杭州意内雅空间设计事务所 创意总监/执行董事

2013年

荣获"中国50位优秀青年室内设计师"

代表作品：

西溪MOHO售展中心、西溪壹号企业会所集群
浙江嘉捷服饰有限公司总部办公楼、美泰泰国连锁餐厅
AMAZING CLUB

CONCEPT
设计理念

设计，是手执铅笔，却能影响到存在于空间中的人的情感与信心的
行为。而带来的是空间经营者的踌躇满志、情绪高涨，或是哀怨连
连、一筹莫展？设计是决定！是责任！设计，是设了计的，去谋划
未来某日的场景。设计对于我来说，曾经只是我在成长过程中一份
养家糊口的工作而已，潜移默化悄然成了事业！设计从曾经的自负
狂放，到不停的自我提问、反复修正、迂回探讨⋯⋯信心只在慎密
思考之后才慢慢显露端倪。设计是成长！是修炼！设计对于当下的
我，就如笔之于人生。有时妙笔生花，有时也需驻笔停顿思考⋯⋯
珍惜剩下的"芯"，好让自己在遇到适合的人时起笔、画出合适的
图。珍惜当下，不负设计，无愧于笔！

一层平面布置图

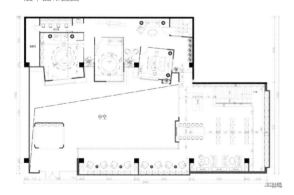

二层平面布置图

ZHU XIAO MING'S
INTERVIEW
朱晓鸣访谈

提问：在过去的五年里，发生在你身上最大的改变是什么？
朱晓鸣：设计的表达从单一到繁复，再回到单一的改变。

提问：在未来的五年里，你的人生规划是什么？（包括职业、家庭等各个方面）
朱晓鸣：工作上，意内雅设计事务所增加建筑概念设计、陈设设计板块，便于管理团队运营，为一些充满活力的设计师搭建更宽更广阔的施展才华的平台，而自己可以隐退至幕后，成为事务所的创意设计者，有更充裕的设计思考时间；家庭上，希望自己能够有更多的时间陪家人。

提问：对于你今天取得的成绩，有什么心得可以分享？
朱晓鸣：与时间赛跑。在同样的时间跨度经历更多。

提问：你的设计创作源泉是什么？
朱晓鸣：客观的感同身受，主观的天马行空。

提问：你如何给自己减压？
朱晓鸣：篮球&家人。

提问：如果不考虑可实施性，你最想做的事情是什么？
朱晓鸣：重整家乡的滩涂。

MY ISLAND · FUSION RESTAURANT

吾岛 · 融合餐厅

项目地点：浙江省杭州市

项目面积：750㎡

设计单位：杭州意内雅建筑装饰设计有限公司

主设计师：朱晓鸣

摄 影 师：林峰

设计材料：清水泥、回购老木板、落叶松、肌理喷涂、黄竹、水泥板
纸筋灰、钢板、纤维壁纸

随着近几年国内餐饮业竞争的白热化，涌现出不同地域文化，不同风情的精品餐厅。不论形式上的争奇斗艳，还是从文化导入上创造客户的归属感，无不塑造独特的自我气息。

而位于商业步行街地下一层，人流关注较少，交通路线较为分散的场所，该如何通过空间设计来塑造自我的特征进行取巧的业态组合，并由此带来社会广大客户群的关注与传播，便成了我们考虑的重点。

在空间的功能划分中，充分的利用了5m层高的优势，将空间划分为前厅、大厅区、卡座区，局部空间将厨房、明档等工作区域与加建的二层包厢进行组合，并在通往二层的交通路径中刻意增加了"愚岛"文创杂货铺区域，极大的增加了空间移步换景的的趣味性，并对客户等位，餐后滞留提供了良好的缓冲区域，减轻乏味的同时又增加了文创产品的关注与销售。

在空间的形式导入中尝试用室内建筑的手法，借以各种拥有共同质感、温暖特性的材料的组合刻画，谋求再现一个素朴、本然、闲静的自然主义渔村印象；尝试将传统餐厅与文创商店进行组合，在餐厅的输出上融合各类健康菜系派别，除却食物还输出音乐、书籍、香道、花器、手工设计产品……不出城廓而获山水之怡，身居闹市而有林泉之致。借以餐饮之名，重拾素朴、健康、怡然清雅的生活态度，传播新都市生活美学。

这就是"吾岛"。

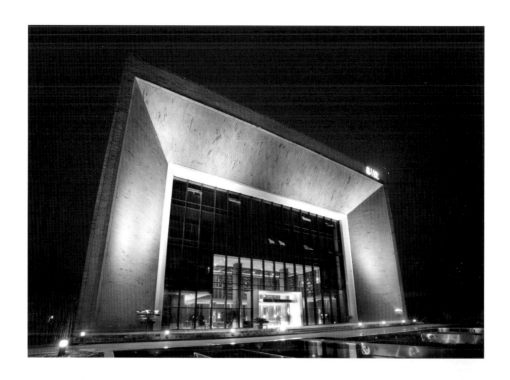

HAI NING IDEA I DO
HEADQUARTERS

海宁IDEA I DO服饰办公总部

设计单位：杭州意内雅建筑装饰设计有限公司
主设计师：朱晓鸣
摄影师：林峰

此案为一家皮革服装生产、国际贸易的服饰公司办公总部。为表现该企业特有的国际化特性与服装行业的时代性，在建筑形态与室内空间设计中，我们尝试中西合璧的设计手法，将欧式建筑风格简约化后，结合当代的简约、纯粹、几何的设计语言，两者进行巧妙的结合，立意营造一种带着欧洲中世纪图书馆气息的空间氛围。

在一层的空间中，通过欧式风格的墙体围合割划后，修整出规整利落净高9米的中空，为增强室内装饰气息的年轮厚重感，用了清水混泥浇筑的方法，改变了原柱子形态的同时，又修正了原建筑柱网的形体差异；并自然的对接了建筑原素水泥顶；大厅加以虚实的通高书柜阵列围合，及欧洲经典家具、饰品的陈设，刚柔结合地强化了中厅的视觉张力并影射出企业浓郁的国际风范、深远文化。

二层、三层为生产、营销、企划、人事等高密度人员办公区，在敞开式办公区中，合理的划分了工作区与劳逸结合的茶水间、阅览室、员工休息区等，形态上更注重功能性与简约性的统一。在五层的高管办公区中，特别结合每位高管的艺术审美、生活哲学，呈现出风格迥异的独立空间的自我气息。在整体的空间材质运用上，并未一味追求欧式的奢华；水磨石地、回购老木板、自制木纹水泥墙等的运用，即跳脱了办公空间常规用材的同质化，化常规为独特，又为现代企业的严谨、简洁、环保理念加分。

2013 CIID "发现未来力量"
中国50位优秀青年室内设计师评选

近年来，我国室内设计行业蓬勃发展，全国各地涌现了一大批优秀的青年设计师。为了给优秀青年设计师一个展现实力的舞台，CIID于2012年开始筹备并发起中国优秀青年室内设计师的评选及表彰活动，并得到了45个专委会的积极响应，共收到参评设计师资料418份。经过分会对所有参评作品的收集、整理工作，中国优秀青年室内设计师评选活动随之展开。

活动前期，各专委会做了大量的准备工作，推选出当地的优秀青年室内设计师参加本次评选。评选分为两个阶段：第一阶段，即初评阶段。CIID将参评设计师提交的作品资料刻录至光盘，寄送给由各专委会推选出的评委，进行初次评选。评委为作品打分，CIID对评选结果进行统计，提名120位设计师进入下一阶段评选。第二阶段，即终评阶段。由CIID理事长及2011、2012两年的"全国十大影响力人物"获得者组成终评评审组，他们是：邹瑚莹、杨邦胜、琚宾、陈耀光、宋微建、沈立东、林学明、吕永中、叶铮、萧爱彬、施旭东、崔华峰、梁景华、沈雷，对120位获提名奖设计师所提交的申报表、自我陈述、参与学会活动、撰写论文著作及项目作品等进行综合考评，最终评选出全国50位优秀青年室内设计师。

CIID年会期间，120位优秀青年设计师提交的作品进行了展览展示，对宣传和推广这些优秀青年室内设计师起到了积极的推动作用。CIID组织此项活动目的是希望更多的年轻设计师们加入到CIID优秀青年室内设计师的评选活动中来，给广大青年室内设计师一个展示平台，发现室内设计行业中的优秀人才，为中国室内设计注入新鲜的血液和力量！